Boxhofer · Huber · Lischka · Panhuber

mathematiX 3

Übungen

W0210803

VERITAS
Gemeinsam besser lernen

Verwendetes Symbol

Diese Aufgaben eignen sich besonders für Paar- oder Gruppenarbeit.

Mit Bescheid des Bundesministeriums für Bildung und Frauen vom 02.06.2014 GZ 5.050/0113–B/8/2013 für den Unterrichtsgebrauch an Neuen Mittelschulen und allgemein bildenden höheren Schulen für die 3. Klasse im Unterrichtsgegenstand Mathematik – auch bezüglich Kompetenzorientierung und Bildungsstandards – geeignet erklärt.

Schulbuchnummer mathematiX 3. Übungen: **170.163**

Für weitere Informationen steht Ihnen gerne Ihre VERITAS-Kundenberatung zur Verfügung.
Rufen Sie einfach an, schicken Sie ein Fax oder ein E-Mail!
Tel: 0043/(0)732/776451/2280, Fax: 0043/(0)732/776451/2239
E-Mail: kundenberatung@veritas.at
Besuchen Sie uns auf unserer Website www.veritas.at

5. Auflage (2021) – Die 4. und 5. Auflage können im Unterricht nebeneinander verwendet werden.

Auf umweltfreundlichem Papier gedruckt bei: siehe https://produkt.veritas.at/31515#additional

Lektorat: Ilse Persy, Michaela Wiesinger
Herstellung, Umschlaggestaltung und Layout: Irene Demelmair
Bildredaktion: Nina Autengruber
Illustrationen: Graham Wiseman, Salzburg
Satz: satz@wolkerstorfer.at
Umschlagfoto: iStockphoto/franckreporter
Schulbuchvergütung/Bildrechte: © Bildrecht/Wien
Alle Ausschnitte mit Zustimmung der Bildrecht/Wien

ISBN 978-3-7058-9528-7

Inhaltsverzeichnis

H3 **1** Lies die Temperaturen auf den Thermometern ab und schreibe das Ergebnis jeweils darunter.

a)

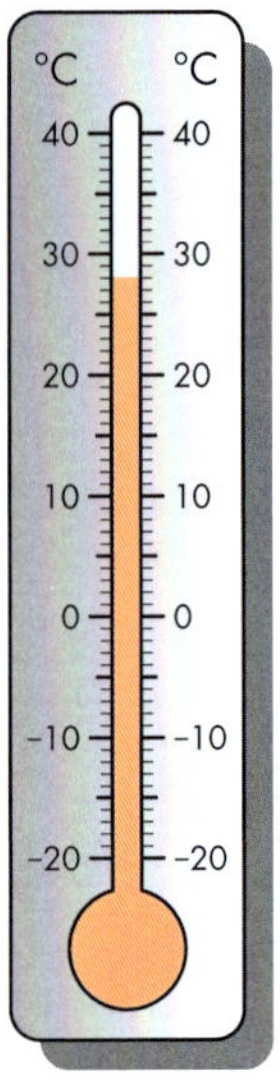

b)

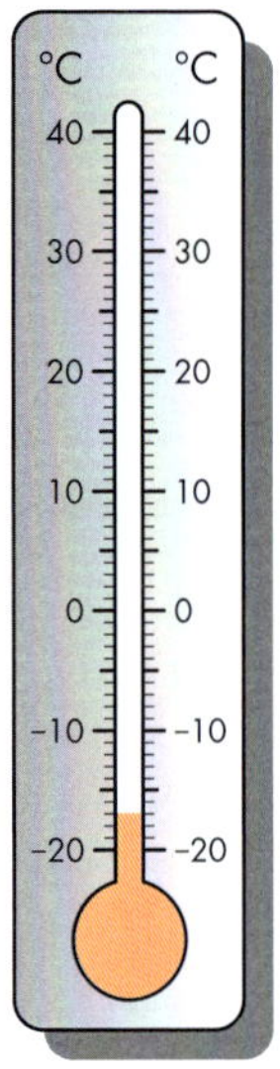

c)

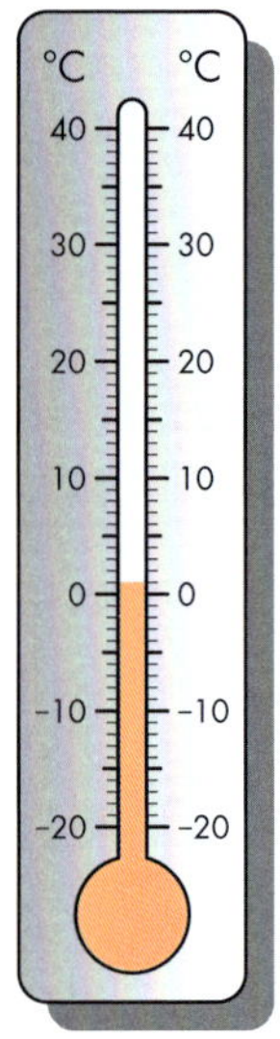

d)

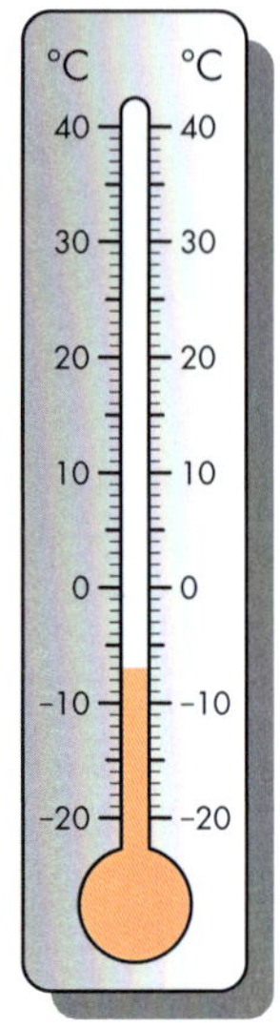

Level 1

H3 **2** Welche ganzen Zahlen sind dargestellt? Beginne mit der kleinsten.

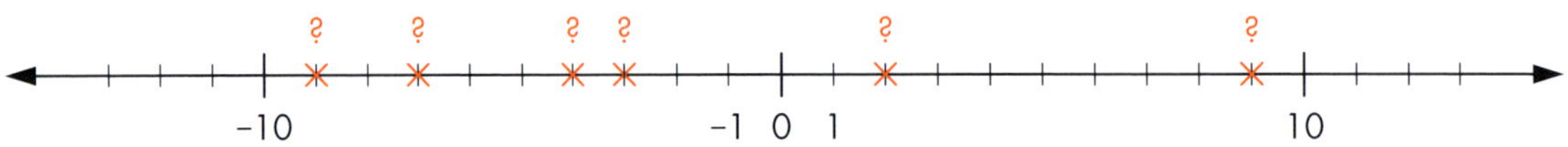

H3 **3** Achte auf die Einheitsstrecke! Welche ganzen Zahlen sind markiert? Beginne mit der kleinsten.

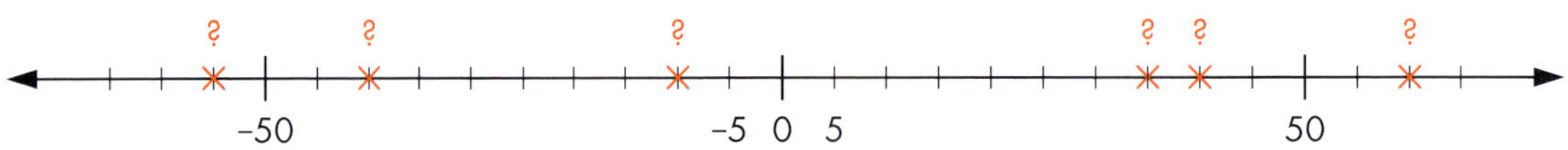

H2 **4** Suche zu folgenden ganzen Zahlen den Vorgänger und den Nachfolger.

a)

Vorgänger	Zahl	Nachfolger
	–22	
	+951	

b)

Vorgänger	Zahl	Nachfolger
	–100	
	+100	

K I1 H2 K1 **5** Die Temperatur betrug am Morgen –8 °C. Welche Temperatur zeigt das Thermometer bei einer Temperatur**zu**nahme von 19 °C an? Kreuze die richtige Antwort an:

☐ 27 °C ☐ 11 °C ☐ –11 °C ☐ –27 °C

H1 **6** Ordne folgende Zahlen der Größe nach! Beginne mit der kleinsten.

a) –48; +23; +39; –100; –102

b) +28; +1; –62; +57; –63; +58

H2 **7** Wie groß ist der Unterschied zwischen folgenden beiden Zahlen?

a) +17 und +112

b) –24 und +48

c) –12 und +13

d) –28 und –17

H2 **8** Gib zu den folgenden Zahlen die Gegenzahl an.

–13; Gegenzahl:

+28; Gegenzahl:

H2 **9** Setze das Größer-Zeichen (>) bzw. Kleiner-Zeichen (<) richtig ein.

a) –13 –14 b) 25 –26 c) 23 25 d) –235 12

H2 **10** Wie groß ist der Unterschied zwischen folgenden Zahlen?

a) 24 und –24

b) –12 und –13

c) –12 und 13

K I1 H1 H4 K2 **11** Zeichne eine Zahlengerade und wähle selbst eine geeignete Einheit.
Stelle die Zahlen –5, –3, 0, 4 und 7 auf dieser Zahlengeraden dar.
Begründe, warum du die Zahlengerade so gewählt hast.

Level 1

Level 2

H2 **12** Bilde den Betrag von folgenden ganzen Zahlen:

a) $|+13| =$

b) $|-450| =$

c) $|+4\,173| =$

d) $|-821| =$

H2 **13** Berechne die Ergebnisse:

a) $56 - 67 =$

b) $31 - 69 =$

c) $69 - 123 =$

d) $562 - 582 =$

H2 **14** Löse zuerst die Klammern auf, bevor du rechnest!

a) $(+28) - (+45) =$

b) $(+45) - (+123) =$

c) $(+119) - (+118) =$

d) $(+5) - (+5) =$

H2 **15** a) $145 - 159 =$

b) $(+6\,254) - (+6\,524) =$

c) $23\,657 - 23\,765 =$

H2 **16** a) $(+1\,500) - (+8\,235) =$

b) $9\,999 - 10\,111 =$

c) $(+98\,765) - (+56\,789) =$

K I1 H3 K2 **17** Von den folgenden Aussagen ist nur eine richtig. Kreuze sie an.

- ☐ a) Wenn man zwei negative Zahlen addiert, ist das Ergebnis sicher positiv.
- ☐ b) Wenn man von einer Zahl null subtrahiert, wird das Ergebnis negativ.
- ☐ c) Wenn man zwei negative Zahlen addiert, ist das Ergebnis sicher negativ.
- ☐ d) Wenn man zwei negative Zahlen subtrahiert, muss das Ergebnis positiv sein.

H2 **18** a) $[(+99) - (-77) + (-66)] - (-88) =$

b) $[(+10) - (+207)] - [(-30) + (+40)] =$

H2 **19** a) Welche Zahl musst du von (–12) subtrahieren, um (+34) zu erhalten?

b) Welche Zahl musst du zu (–23) addieren, um (–29) zu erhalten?

c) Welche Zahl wurde von (+37) subtrahiert, um (+49) zu erhalten?

H2 H4 **20** Zwei Aufgaben haben dasselbe Ergebnis. Welche sind es? Kreuze sie an!

- ☐ a) $x + y + a$
- ☐ b) $(-x) + (-y) - a$
- ☐ c) $x - (-y) - (-a)$
- ☐ d) $x - (+y) - (+a)$

Begründe deine Entscheidung:

H2 **21** Löse folgende Gleichungen:

a) $(-45) + x = 38$

b) $(-17) + (-2x) = 13$

K I1 H2 K2 **22** Welchen Wert muss die Variable haben, damit die Gleichung $(+67) - (-x) = 68$ zu einer wahren Aussage wird?
Kreuze an!

- ☐ a) $x = -1$
- ☐ b) $x = 135$
- ☐ c) $x = -135$
- ☐ d) $x = 1$

H2 **23** Schreib stellenwertrichtig untereinander, bilde die Summe und vergiss nicht auf die Überschlagsrechnung.

a) 128,4 + 67,09 ÜR

b) 356,8 + 9,054 ÜR

c) 87,3 + 54,623 ÜR

H2 **24** Wie groß ist die Differenz?

a) 45,7 – 12,94

b) 240,5 – 12,8

c) 820,3 – 334,78

H2 **25** Verwandle vor dem Rechnen in eine gemeinsame Einheit:

a) 57,8 km + 21,5 m + 940,3 m =

b) 87,3 kg – 14,9 dag =

c) 36,8 t – 34,5 kg + 0,7 t =

d) 0,87 km – 350,3 m + 3,2 km =

H2 H3 **26** Kreuze richtig an:

	richtig	falsch
a) Das Zehnfache von 24,5 beträgt 245.	☐	☐
b) Ein Hundertstel von 9,87 ist 0,987.	☐	☐
c) Das Produkt aus 0,097 und 1 000 beträgt 97.	☐	☐
d) 97,23 dividiert durch 10 ergibt 9,723.	☐	☐
e) 25,5 multipliziert mit 100 ergibt 2 550.	☐	☐

K I1 H2 K1 **27** Rechne im Kopf:

	3,4	9,25	0,8	147,3	0,75
a) Verdreifache					
b) Halbiere					
c) Multipliziere mit 100					
d) Dividiere durch 10					

H1 H2 **28** Beachte die Vorrangregeln:

a) 24 – 2,6 · 5 – 0,8 + 2,7 =

b) 8,2 : 2 + 5,3 – 8,4 : 4 =

c) 46,8 + 20,4 · 3 – 9,6 : 3 =

d) 54,3 + 2,4 · 5 – 15,3 : 3 =

H1 H2 **29** Was ist größer: Die Summe aus 13,4 und 28,2 oder das Produkt aus 5,2 und 7,6?
Schreib eine passende Rechnung an.

Level 2

H2 H3 **30** Wie groß ist das Produkt aus 0,5 und 0,8 und 0,9 und 0 und 0,4?
Kreuze an, ob die Aussagen richtig oder falsch sind.

	richtig	falsch
a) Das Produkt beträgt 0.	☐	☐
b) Das Produkt der fünf Zahlen ist genauso groß wie das Produkt aus 0,5 und 0,4.	☐	☐
c) Das Produkt der fünf Zahlen ist kleiner als der Quotient aus 0,8 und 0,5.	☐	☐
d) Das Produkt aus 0,5 und 0,8 ist kleiner als die Summe aus 0,9 und 0,4.	☐	☐

H1 H2 **31** Setze Klammern, damit das Ergebnis richtig ist.

a) 13,5 – 1,2 · 8 + 5,2 : 2 = 6,5

b) 13,5 – 1,2 · 8 + 5,2 : 2 = 101

c) 13,5 – 1,2 · 8 + 5,2 : 2 = 4,55

d) 13,5 – 1,2 · 8 + 5,2 : 2 = 81,18

H1 H2 **32** Bilde die Summe aus 8,42 und 1,22 und multipliziere anschließend mit der Differenz beider Zahlen.

K I1 H2 H3 K2 **33** Isabel meint, dass es genau einen Subtraktionsweg von 32,7 zu 13,5 gibt. Markiere ihn! Findest du noch eine zweite Möglichkeit?

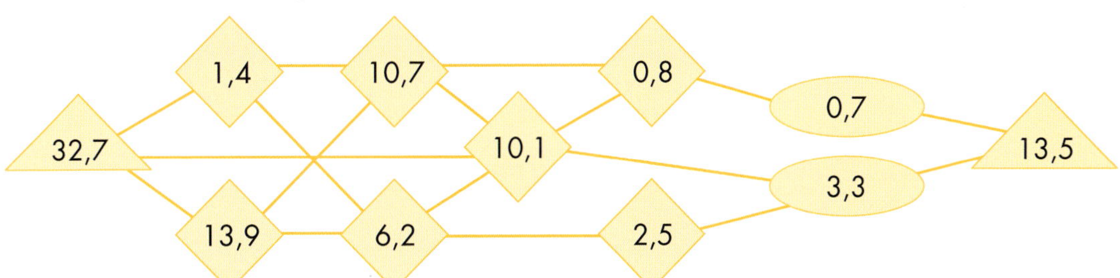

H1 H2 **34** Die Busfahrt für den Wandertag kostet 156,00 €. Wie viel bezahlt jede der 22 Schülerinnen, wenn die beiden Lehrerinnen je 9,80 € bezahlen?

H2 **35** Ergänze den Zahlenturm.
Bilde nach oben die Summe
und nach unten die Differenz.

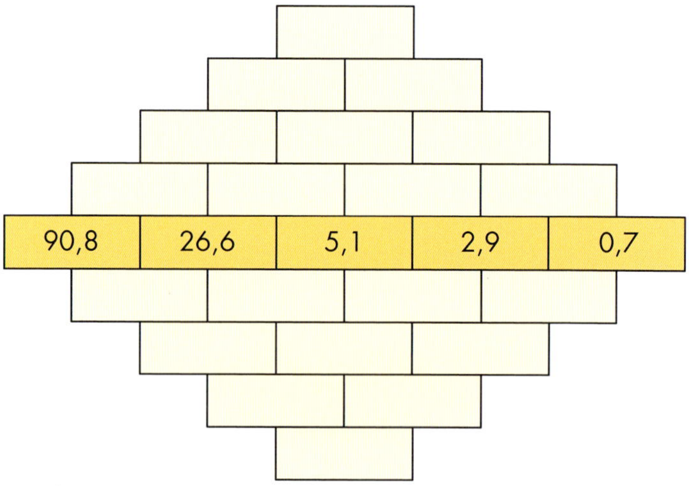

Level 2

H1 H2 **36** Karin spart im Jänner, März, Mai und Oktober je 3,50 € ihres Taschengeldes, im Februar und April je 12,80 € und von Juni bis September jeweils 8,50 €. Wie viel muss sie in den letzten Monaten jeweils sparen, damit sie am Jahresende über 100,00 € Erspartes verfügen kann?

K I1 H2 K2 **37** Rechne und markiere den Weg der richtigen Lösungen! Erreichst du das Ziel?

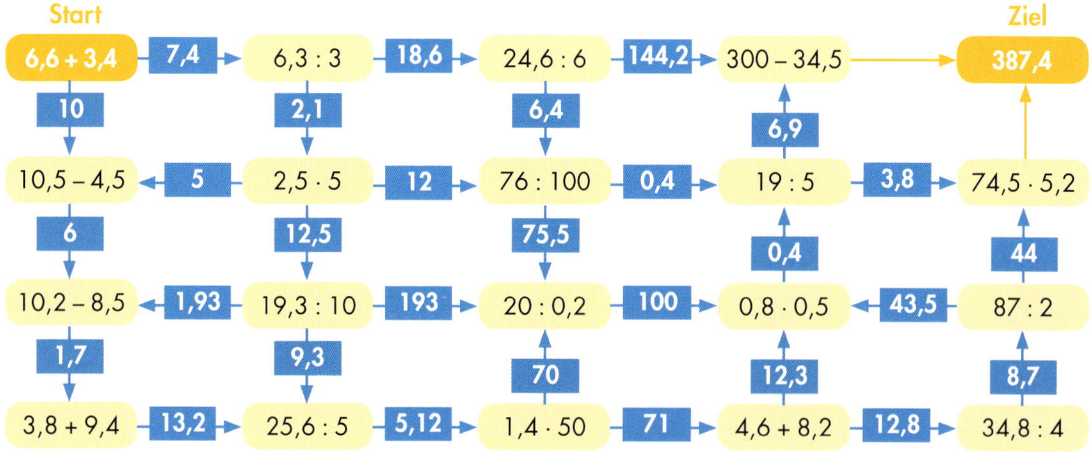

H2 **38** a) (12,4 · 5 – 6,1) · (1,5 – 1,3) =

b) 16 – (3,4 : 1,7 + 5,8) + 2,9 =

c) 12,4 · 5 – (6,1 · 1,5 – 1,3) =

d) (16 – 3,4 : 1,7) + 5,8 + 2,9 =

H3 **39** Setze das richtige Zeichen ein: <, > oder =

a) 23,78 · 100   2,378 · 1 000

b) 67,04 : 10   6,704 · 1 000

c) 98,7 · 100   0,987 · 1 000

d) 56,98 · 0,01   0,5698 · 10

H1 H2 H3 **40** Zu Schulbeginn kostet ein A4-Heft 1,49 €. Beim Kauf von fünf Heften erhält man ein weiteres Heft gratis. Silvia und Robert kaufen gemeinsam Hefte, weil jeder drei Hefte benötigt.

Welche Aussagen sind richtig?

- ☐ a) Silvia und Robert zahlen gemeinsam für die Hefte 8,45 €.
- ☐ b) Es macht keinen Preisunterschied, wenn sie die Hefte einzeln kaufen.
- ☐ c) Wenn sie die Hefte gemeinsam kaufen, sparen sie pro Heft ca. 25 Cent.
- ☐ d) Wenn Silvia 3,72 € bezahlt, bezahlt Robert um 1 Cent mehr.
- ☐ e) Silvia hat keine 2-Centmünze und gibt Robert daher nur 3,70 €. Robert bezahlt daher für jedes Heft um 1 Cent mehr.

H2 H3 **41** $0{,}\dot{8}$ ist größer als 0,88. Formuliere eine geeignete Begründung:

____

____

K I1 H2 K2 **42** Verwandle in einen Bruch:

a) $0{,}\dot{7} =$ b) $1{,}\dot{3} =$ c) $0{,}1\dot{3} =$ d) $0{,}0\dot{5} =$

$1{,}\dot{4} =$ $0{,}\overline{12} =$ $0{,}6\overline{35} =$ $1{,}00\dot{5} =$

H2 **43** a) (+24) · (–5) = b) (–20) · (–12) = c) (+12) · (+5) =

H2 **44** a) (–15) · (+6) = b) (–55) · (+3) = c) (+21) · (–7) =

H2 **45** a) (–5) · (–5) · (–2) = b) (+17) · (–1) · (–1) = c) (+3) · (–3) · (+3) =

H2 **46** a) (–13) · (+4) · (–2) = b) (–77) · (+1) · (–2) = c) (+120) · (–5) · (–2) =

H2 **47** a) (–4) · (–1) · (+2) · (–4) · (+1) = b) (–8) · (+2) · (–1) · (–1) · (–2) =

H2 **48** a) (–2) · (+2) · (–1) · (–3) · (–3) · (–1) = b) (–22) · (+1) · (–2) · (+3) =

K I1 H1 H3 K1 **49** Beschreibe mit eigenen Worten, wann das Produkt zweier ganzer Zahlen positiv bzw. negativ ist, und führe jeweils ein Beispiel dazu an:

H2 **50** a) (+400) : (–25) = b) (–250) : (–50) = c) (+170) : (+5) =

H2 **51** a) (–4 000) : (+500) = b) (–48 000) : (–2 000) = c) (–43 122) : (–3) =

H2 **52** a) (–160) : (–8) : (–2) = b) (+3 333) : (–3) : (–101) : (–1) =

H2 **53** a) (–56) : (–8) · (+5) = b) (–5) · (+34) : (–17) : (–10) =

H2 **54** a) (+12) : (–12) · (–6) · (+2) : (–2) = b) (–12) : (–6) · (+2) · (–10) : (–5) =

H2 **55** a) (+250) · (–2) : (–4) : (–25) · (+1) : (–5) = b) (–15) · (+4) · (–6) : (–12) =

H1 H2 **56** Ergänze die Multiplikationstürme! Benachbarte Zahlen in einer Zeile werden multipliziert und ihr Produkt wird in die nächsthöhere Zeile geschrieben. Manchmal ist bereits das Ergebnis angegeben.

a)

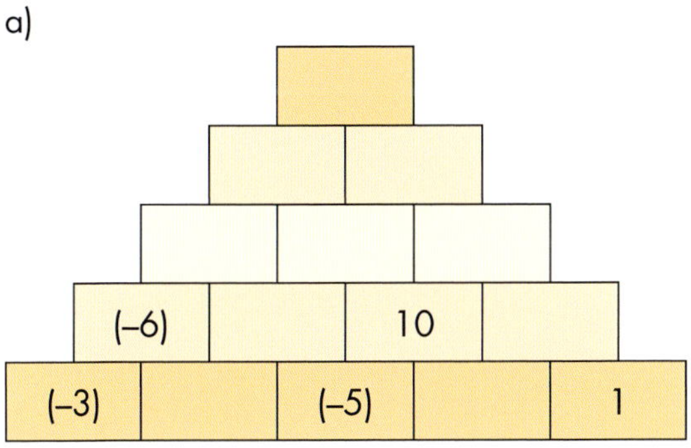

b)

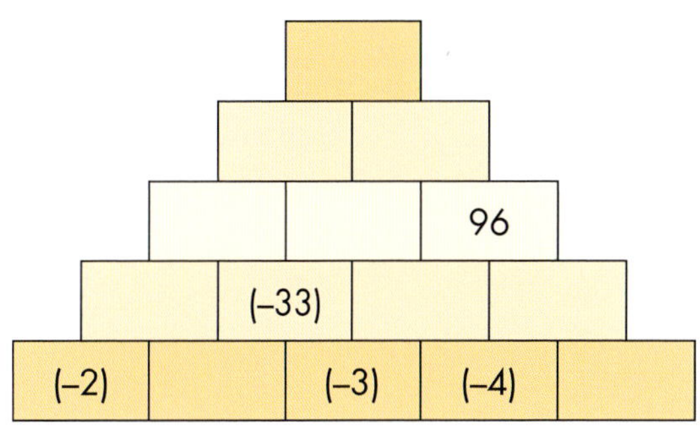

K I1 H2 K1 **57** Berechne die Unbekannte durch Umkehrung der Rechenoperation. Schreib die Lösung jeweils in das Kästchen.

a) 5 · x = (–45) x =

b) (–6) · x = (–42) x =

c) x : 7 = (–3) x =

d) x : (–4) = (–8) x =

Level 1

H2 **58** Führe folgende Divisionen aus und mach die Probe.

a) $(-126) : 18 =$ b) $253 : (-11) =$ c) $(-399) : (-19) =$

H2 **59** Berechne die Unbekannte:

a) $(-310) \cdot x = (-3\,720)$ b) $a \cdot 6 = (-12)$ c) $(-12) \cdot b = 960$

H2 **60** Beachte die Klammerregel und unterscheide die Ergebnisse. Achte auf die eckigen Klammern.

a) $(-48) : (-12) \cdot (-2) =$ $(-48) : [(-12) \cdot (-2)] =$

b) $60 \cdot 12 : (-4) =$ $60 \cdot [12 : (-4)] =$

c) $(-56) : (-4) \cdot 2 =$ $(-56) : [(-4) \cdot 2] =$

H2 **61** Beachte die Vorrangregeln.

a) $12 - 45 : 9 =$ b) $67 - 145 : 5 =$ c) $34 - 200 : 25 =$

H2 **62** a) $(23 - 5) : 9 =$ b) $(122 + 28) : 30 =$ c) $(222 - 111) : 3 =$

K I3 H1 K3 **63** Suche vier verschiedene ganze Zahlen, deren Produkt (–100) ergibt!

Wie muss die Anzahl der negativen Zahlen beschaffen sein?
Begründe deine Antwort:

H2 **64** Beachte beim Lösen der Beispiele die Klammerregel.

a) (33 + 12) · (28 – 3) =

b) (90 + 21) : (234 – 231) =

H2 **65** a) (–12) + 17 · (–3) =

b) 228 + (–24) : (–6) =

H2 **66** a) [(–12) – (–5)] · 18 =

b) [(–76) + 3] · (–2) =

Level 2

H2 **67** a) [33 + (–12)] : 7 =

b) [(–200) + 56)] : (–2) =

H2 **68** Beachte die Unterschiede.

a) (–6) · (–2) + 2 · (–9) + 1 =

b) 200 – 12 · 5 + (–2) · 3 =

(–6) · [(–2) + 2] · (–9) + 1 =

[200 – 12] · 5 + (–2) · 3 =

K I1 H1 K3 **69** Welche der Gleichungen passt zu folgendem Text? Kreuze die richtige Antwort an.
„Multipliziere die Summe von (–12) und (–43) mit der Differenz von 9 und (–12)."

- ☐ a) (–12) · (–43) + 9 : (–12) =
- ☐ b) (–12) + (–43) · (9) – (–12) =
- ☐ c) [(–12) + (–43)] · [9 – (–12)] =
- ☐ d) [(–12) + (–43)] · 9 – (–12)] =

Level 3

H1 **70** Welche drei ganze Zahlen kannst du der Reihe nach dividieren, um 50 zu erhalten? Suche drei verschiedene Möglichkeiten.

H1 **71** Mit welcher Zahl muss man (–12) multiplizieren, um 132 zu erhalten? Schreib eine Gleichung an und löse sie.

H1 H2 **72** Überprüfe, ob die Ergebnisse beider Rechnungen gleich sind.

a) $(-12) + (-7) =$

$(-7) + (-12) =$

b) $(-6) \cdot (+9) =$

$(+9) \cdot (-6) =$

Welches Gesetz liegt hier vor?

H1 H2 **73** Überprüfe, ob die Ergebnisse beider Rechnungen gleich sind.

a) $(+6) \cdot (-2) + (-10) \cdot (-2) =$

$[(+6) + (-10)] \cdot (-2) =$

b) $(-12) : (-3) + (+21) : (-3) =$

$[(-12) + (+21)] : (-3) =$

Welches Gesetz liegt hier vor?

K I1 H1 K2 **74** Beschreibe das Kommutativgesetz in Worten:

H1 H2 H3 **75** Setze in das Startfeld die Zahlen –4, –7, 0, 4, und 7 ein, führe nacheinander die Rechenoperationen durch und berechne die Zielzahl.

Start												Ziel
	· 3 →		– 5 →		· (–4) →		– 2 →		+ 7 →		: 2 →	
	· 3 →		– 5 →		· (–4) →		– 2 →		+ 7 →		: 2 →	
	· 3 →		– 5 →		· (–4) →		– 2 →		+ 7 →		: 2 →	
	· 3 →		– 5 →		· (–4) →		– 2 →		+ 7 →		: 2 →	
	· 3 →		– 5 →		· (–4) →		– 2 →		+ 7 →		: 2 →	

Verwende eventuell eine Tabellenkalkulation für die Lösung und untersuche weitere Zahlen!

Was fällt dir auf?

Level 3

H2 **76** Beachte die Vorrangregeln:

a) (–4) · (+5) – (–9) – (+12) : (–2) =

b) (–14) + (–6) : (+3) – (+12) – (+30) : (–5) =

H2 **77** a) (5 – 24 : 4 – 20) : 3 =

b) 1 – (9 – 26 : 2) : 2 + 8 : 4 =

K I3 H3 K3 **78** Wie musst du die Klammer in folgender Aufgabe verändern, um als Ergebnis null zu erhalten?

3 + (1 – 45 : 3) + 22 : 2 =

H1 **79** Gib die Koordinaten der eingezeichneten Punkte an!

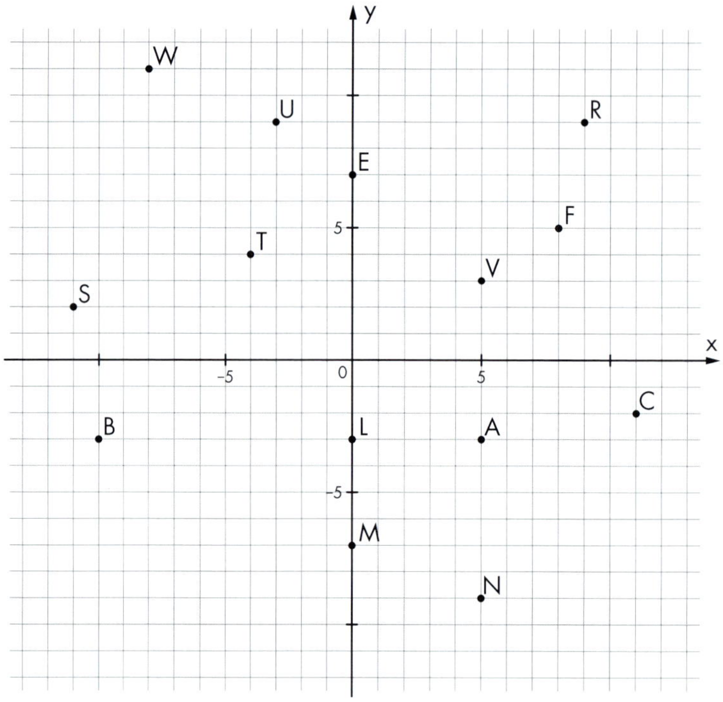

A (/), B

K I3 H1 K1 **80** Zeichne in das rechtwinklige Koordinatensystem folgende Punkte ein:
A (–4/–5); B (–2/ 5); C (6/0); D (–4/2); E (3/3); F (2/–7); G (5/8); H (5/5)

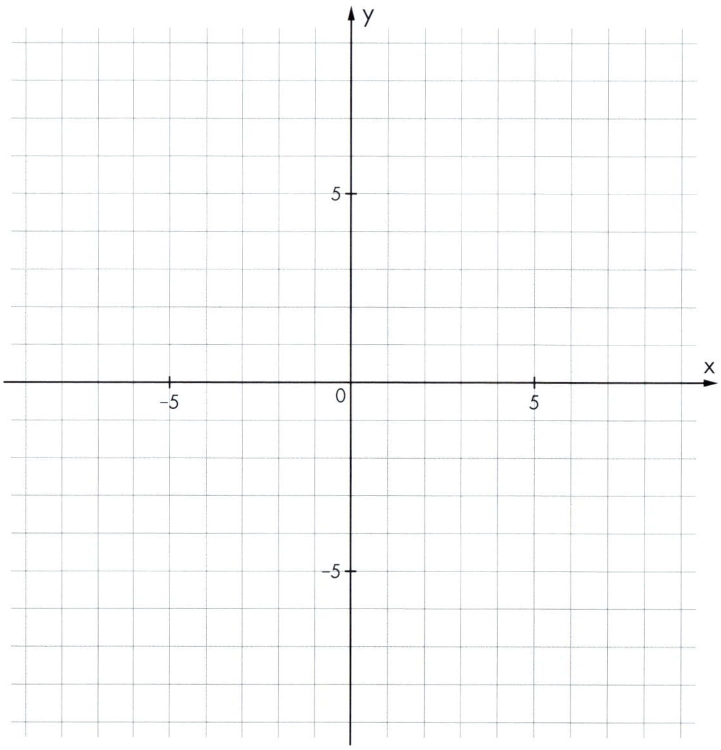

H1 **81** Überlege, ohne zu zeichnen, in welchem Quadranten sich die folgenden Punkte befinden:
H (2/–5); K (–8/4); L (20/25); M (–5/–2); N (0/2)

H → Quadrant

K → Quadrant

L → Quadrant

M → Quadrant

N → Quadrant

H1 **82** Von einem Rechteck kennt man die Eckpunkte A (–6/–3), B (3/–3) und D (–6/ 2).
Zeichne die Punkte in das Koordinatensystem ein und ergänze das Rechteck. Welche Koordinaten hat der Punkt C?

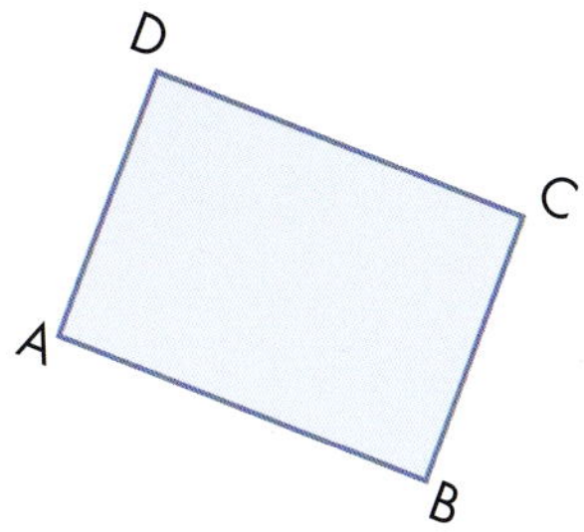

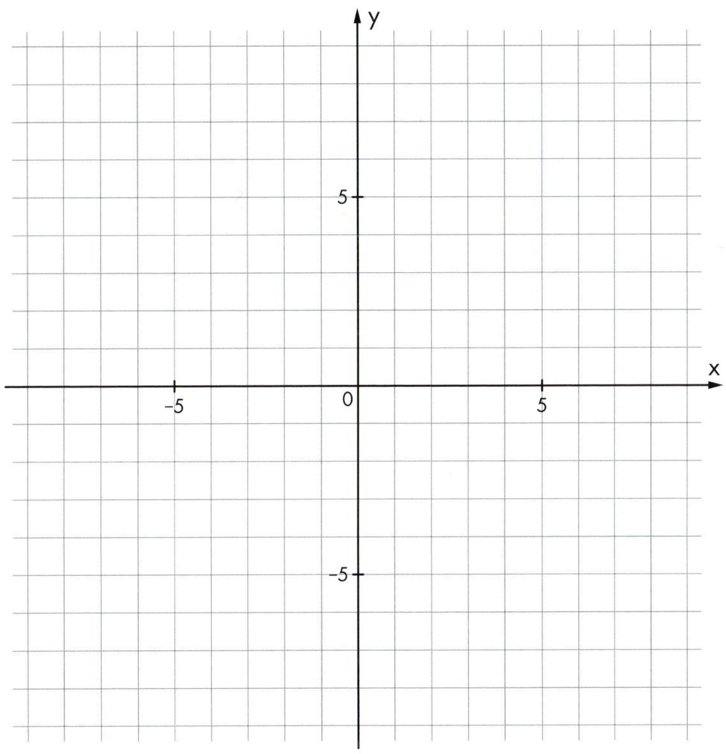

K I3 H3 H4 K2 **83** Von einem Quadrat kennt man die Eckpunkte A (0/0) und C (5/5).
Welche Koordinaten müssen die Punkte B und D haben?
Zeichne hier die Skizze eines Quadrats und bezeichne die Eckpunkte richtig gegen den Uhrzeigersinn.

B (/   )

D (/   )

Begründe deine Entscheidung: ______________________________

____

____

H1 **84** Zeichne ein Quadrat mit den Eckpunkten A (0/–1) und B (3/0) in ein Koordinatensystem.
Welche Koordinaten haben die Punkte C und D?

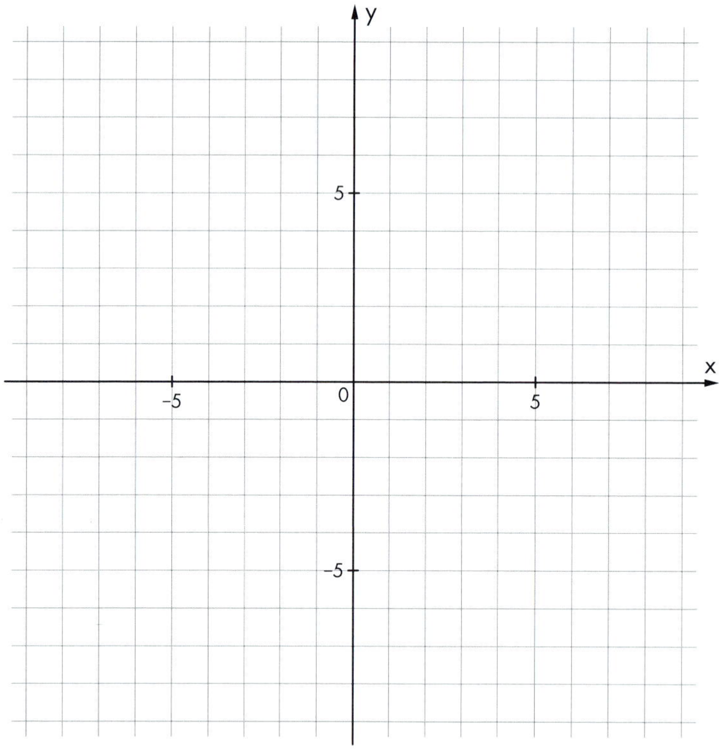

C (/   )   D (/   )

K I3 H1 K2 **85** Ein Parallelogramm hat die Eckpunkte A (–7/–4), B (–2/–4) und D (–2/2).
Zeichne es in ein Koordinatensystem und gib die Koordinaten des Punktes C an.

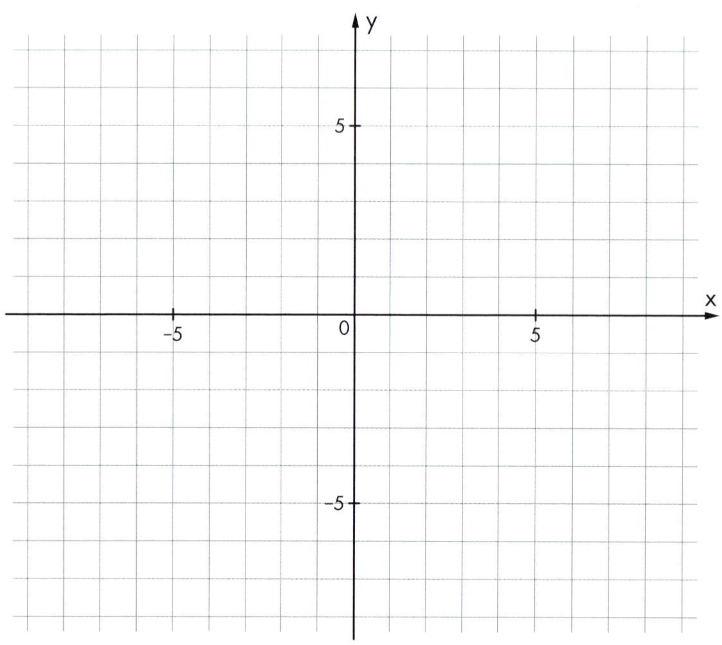

C (/   )

Begründe, warum der Punkt C dieselbe y-Koordinate wie der Punkt D haben muss: ______________________

____

____

Level 2

H2 **86** Zeichne das Dreieck ABC in das rechtwinklige Koordinatensystem.

A (–7/–3); B (5/2); C (–2/6)

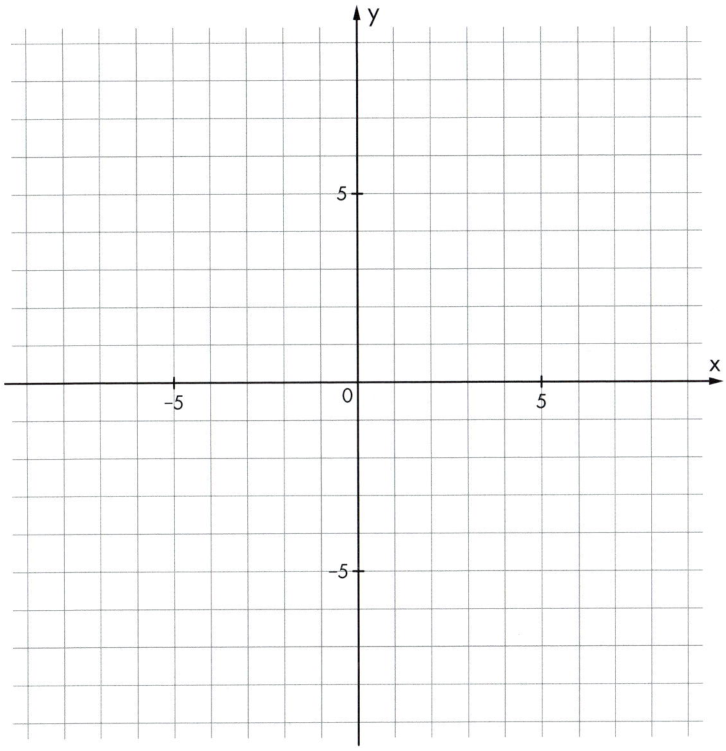

K I3 H2 H4 K2 **87** Zeichne das Dreieck ABC in das rechtwinklige Koordinatensystem.
Bestimme den Umkreismittelpunkt, gib seine Koordinaten an und zeichne den Umkreis.

A (2/1); B (1/7); C (–5/0)

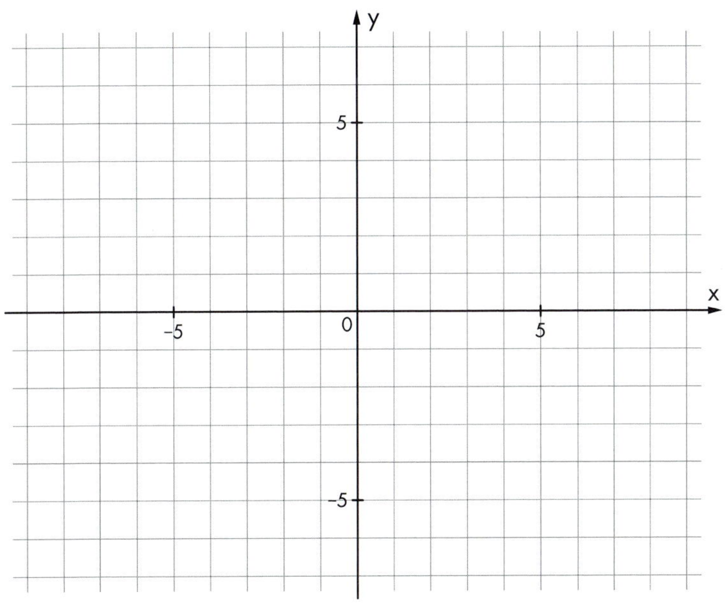

Begründe, warum der Umkreismittelpunkt innerhalb des Dreiecks liegen muss: ______________________

____

____

Level 2

H1 H2 **88** Zeichne das Fünfeck ABCDE in das Koordinatensystem und spiegle es an der Geraden g, die durch die Punkte R und S festgelegt ist.

A (–3/–5); B (–1/–3); C (0/5); D (–4/6); E (–6/3)
g [R (1/1); S (2/7)]

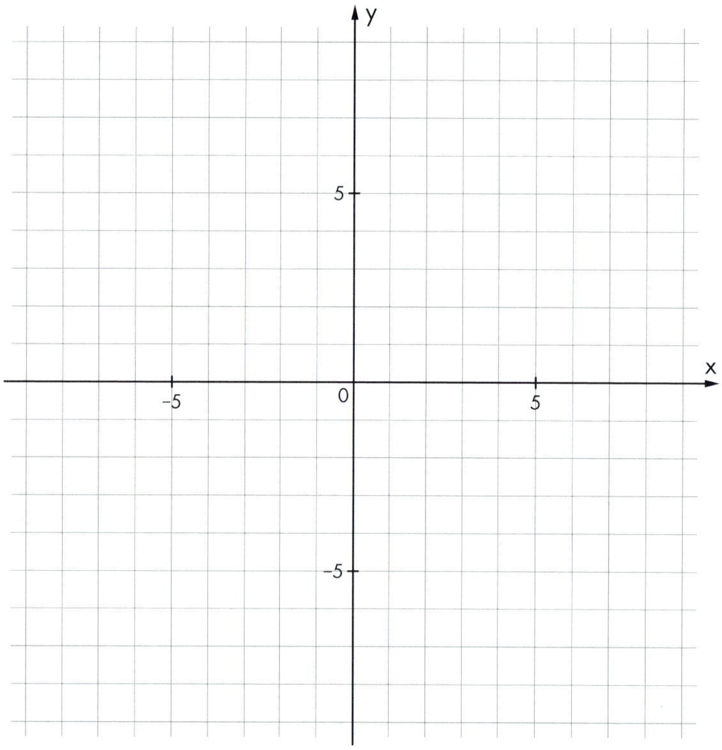

Level 3

K I3 H1 H2 K2 **89** Spiegle die abgebildete Figur an der x-Achse. Zeichne die gespiegelten Punkte ein und gib deren Koordinaten an.

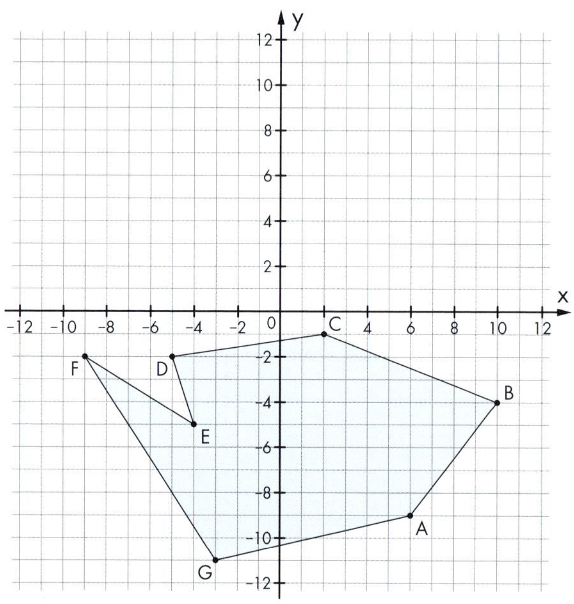

A' (/   )
B' (/   )
C' (/   )
D' (/   )
E' (/   )
F' (/   )
G' (/   )

Wie unterscheiden sich die Koordinaten der Spiegelpunkte von den Ursprungspunkten?

Antwort: ______________________________

____

____

H2 H4 **90** Von einem Sechseck ABCDEF kennt man die Eckpunkte A (5/5), B (1/7), C (–7/–1), D (–5/–5). Die Diagonale AD ist eine Symmetrieachse des Sechsecks. Zeichne das Sechseck in dein Schulheft oder auf ein Blatt Papier und lies die Koordinaten der Punkte E und F ab. Zeichne die Diagonalen ein und miss ihre Längen.

Hat die Figur einen Umkreis?

Begründung: ______________________________

____

____

H1 H2 **91** Zeichne die beiden Geraden a und c in das Koordinatensystem und gib die Koordinaten des Schnittpunktes S der beiden Geraden an!

Gerade a: A (–9/1); B (3/–5)   Gerade c: C (–8/–7); D (3/4)

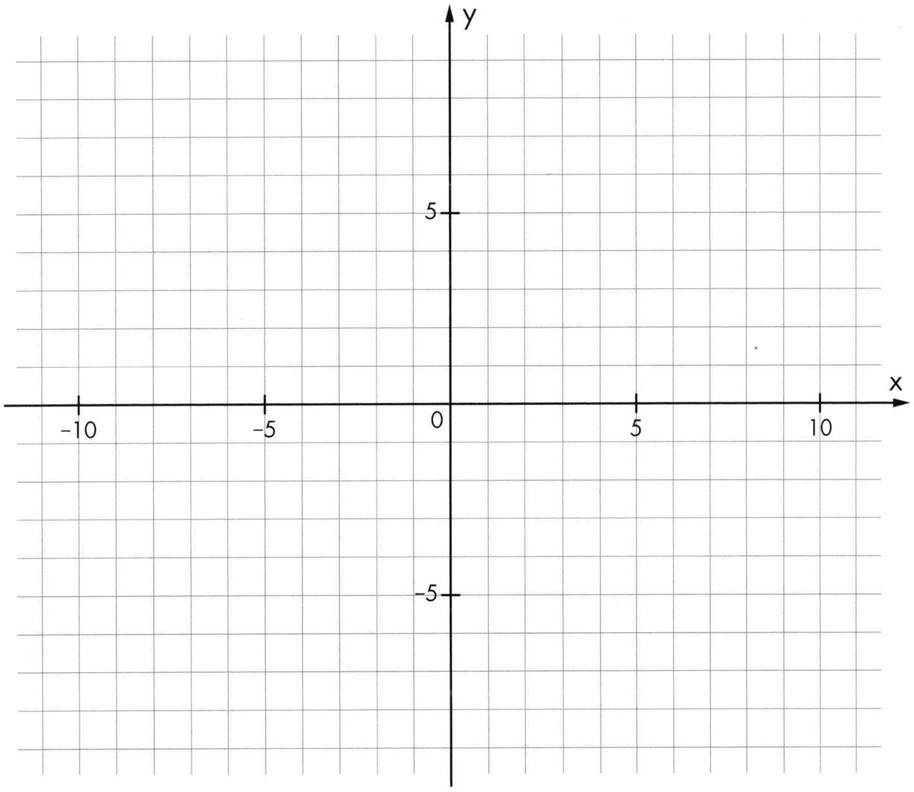

K I3 H3 H4 K2 **92** Von einem Quadrat ABCD kennt man die Eckpunkte A (–3/–1) und B (3/–5,5). Passt die Abbildung zu den Angaben?

Begründe deine Entscheidung: ______________________________

____

____

____

____

____

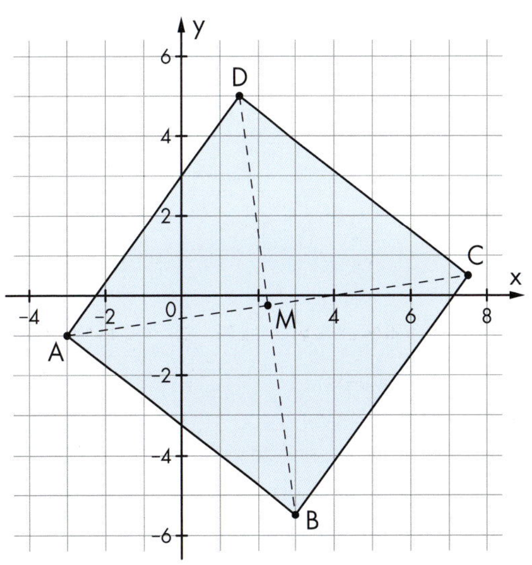

Level 3

H3 **93** Welche Aussagen sind richtig? Kreuze sie an?

- ☐ a) Wenn ungleichnamige Brüche addiert werden, müssen sie zuerst auf einen gemeinsamen Nenner erweitert werden.
- ☐ b) Gemischte Zahlen müssen beim Dividieren in unechte Brüche verwandelt werden.
- ☐ c) Brüche werden multipliziert, indem man nur die Zähler multipliziert.
- ☐ d) Den Kehrwert benötigt man beim Dividieren von Brüchen.
- ☐ e) Unechte Brüche werden in jedem Ergebnis als gemischte Zahl geschrieben.

H2 **94** Kürze, wenn möglich:

a) $\frac{35}{42}$ b) $\frac{3}{52}$ c) $\frac{12}{48}$ d) $\frac{88}{110}$ e) $\frac{97}{49}$

Level 1

H2 **95** Verbinde Brüche mit gleichem Wert.

$\frac{36}{72}$ $\frac{52}{13}$ $3\frac{7}{8}$ 4

$\frac{36}{9}$ $\frac{31}{8}$ $\frac{1}{2}$

H1 **96** Vergleiche die Brüche. Setze das richtige Zeichen ein (<, > oder =):

a) $\frac{36}{9}$ $\frac{27}{9}$ b) $\frac{36}{9}$ $\frac{36}{19}$

c) $\frac{37}{100}$ $\frac{37}{10}$ d) $\frac{8}{12}$ $\frac{5}{12}$

e) $\frac{12}{18}$ $\frac{12}{10}$ f) $\frac{32}{10}$ $\frac{47}{10}$

K I1 H2 K1 **97** Ordne nach der Größe. Beginne mit dem größten Bruch.

a) $\frac{8}{12}, \frac{8}{10}, \frac{4}{12}$ b) $\frac{3}{6}, \frac{8}{10}, \frac{9}{12}$ c) $\frac{8}{15}, \frac{4}{9}, \frac{3}{5}$

H2 **98** Addiere oder subtrahiere die Brüche. Kürze das Ergebnis, wenn möglich.

a) $1\frac{8}{10} + 3\frac{4}{5} =$ b) $1\frac{8}{10} - \frac{4}{5} =$ c) $2\frac{3}{5} - \frac{7}{5} =$ d) $3\frac{7}{10} - 1\frac{2}{5} =$

$\frac{8}{10} + 1\frac{2}{3} =$ $\frac{7}{10} + \frac{3}{5} =$ $5\frac{2}{5} - \frac{7}{10} =$ $5\frac{8}{100} - 1\frac{25}{50} =$

H1 H2 **99** Manchmal kannst du vor dem Multiplizieren kürzen.

a) $\frac{8}{10} \cdot 5 =$ b) $\frac{8}{10} \cdot 10 =$ c) $\frac{18}{100} \cdot 7 =$ d) $\frac{3}{15} \cdot 8 =$

$\frac{8}{12} \cdot 3 =$ $\frac{4}{25} \cdot 5 =$ $\frac{13}{12} \cdot 6 =$ $\frac{2}{15} \cdot 10 =$

Level 1

H1 H2 **100** Verwandle zuerst in einen unechten Bruch.

a) $1\frac{8}{10} : 2 =$ b) $1\frac{8}{10} : 9 =$ c) $3\frac{8}{10} : 2 =$ d) $5\frac{1}{15} : 4 =$

$2\frac{2}{12} : 15 =$ $2\frac{5}{25} : 11 =$ $1\frac{3}{16} : 19 =$ $6\frac{10}{15} : 10 =$

H1 H2 **101** Vereinfache so weit wie möglich.

a) $\frac{8}{10} \cdot \frac{5}{6} =$ b) $\frac{8}{12} \cdot \frac{10}{6} =$ c) $\frac{15}{100} \cdot \frac{6}{18} =$ d) $\frac{7}{15} \cdot \frac{4}{14} =$

$\frac{8}{12} \cdot \frac{1}{3} =$ $\frac{4}{25} \cdot \frac{1}{12} =$ $\frac{7}{12} \cdot \frac{3}{14} =$ $\frac{2}{10} \cdot \frac{50}{82} =$

K I1 H1 H2 K1 **102** Vereinfache so weit wie möglich.

a) $1\frac{8}{10} \cdot 2 =$ b) $1\frac{8}{10} \cdot 8 =$ c) $3\frac{8}{10} \cdot 2 =$ d) $\frac{1}{8} \cdot 7 =$

$3\frac{3}{12} \cdot 24 =$ $2\frac{5}{25} \cdot 5 =$ $2\frac{7}{15} \cdot 15 =$ $4\frac{10}{15} \cdot 30 =$

Level 2

H1 H2 **103** Achte auf die Vorrangregeln.

a) $3\frac{3}{12} + \left(\frac{4}{10} \cdot 5 - 1\frac{3}{4}\right) - 1\frac{8}{12} =$

b) $2\frac{4}{10} \cdot \left(1\frac{4}{5} \cdot 5 - 1\frac{1}{5}\right) + 1\frac{6}{15} =$

c) $1\frac{4}{10} : \left(\frac{3}{8} \cdot 4 - 1\frac{1}{10}\right) + \frac{3}{15} \cdot 1\frac{6}{9} =$

d) $3\frac{4}{10} : \frac{17}{5} \cdot 4 - \left(1\frac{1}{18} + \frac{3}{15} \cdot 1\frac{6}{9}\right) =$

H1 H2 **104** Welche Zahl kannst du für z einsetzen, damit die Gleichung erfüllt ist?

a) $1\frac{7}{10} + z = 2\frac{7}{10}$

b) $z + 3\frac{7}{15} = 7\frac{7}{15}$

c) $z - 8\frac{7}{14} = 2\frac{1}{2}$

H1 H2 **105** Ganz schön schwierig:

a) $3{,}5 \cdot \frac{8}{10} =$

$3{,}6 \cdot \frac{2}{10} =$

b) $1\frac{3}{4} \cdot 100 =$

$8\frac{1}{4} \cdot 20 =$

c) $0{,}85 \cdot 1\frac{1}{10} =$

$0{,}05 \cdot 4\frac{2}{10} =$

d) $2\frac{2}{5} : 2{,}4 =$

$1\frac{1}{25} : 104 =$

K **106** **Zahlenrätsel**

I1 H2 K2

Waagrecht

1) $224 \cdot \frac{1}{2}$

6) $\frac{3}{100}$ von 5 600

7) $24 : \frac{3}{10}$

9) $\frac{9}{12} : \frac{9}{24}$

10) $78{,}5 + 25 : \frac{5}{3} + 6\frac{1}{2}$

11) $0{,}8 \cdot 90 + 5$

13) $255 - \left(2\frac{2}{8} \cdot 24\right)$

Senkrecht

1) $\frac{1}{10}$ von 1 100

3) $2{,}85 \cdot 100$

4) $\frac{1}{5}$ von 1 040

5) $120 : \frac{2}{5}$

8) $0{,}5 \cdot 200$

11) $66\frac{2}{5} + 5\frac{3}{5}$

12) $73\frac{3}{5} + 5\frac{1}{5} - \frac{9}{5}$

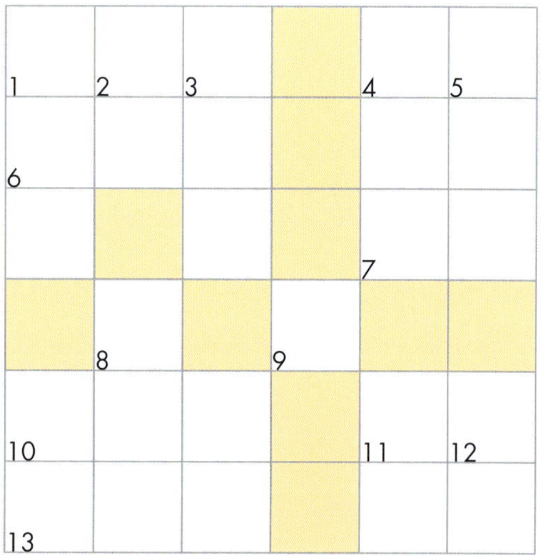

H1 H2 **107** Schreib jede Rechnung als Doppelbruch.

a) $\frac{8}{10} : \frac{6}{5} =$ b) $\frac{8}{12} : \frac{10}{6} =$ c) $\frac{15}{100} : \frac{6}{10} =$ d) $\frac{7}{15} : \frac{21}{30} =$

$\frac{8}{12} : \frac{2}{3} =$ $\frac{7}{25} : \frac{1}{5} =$ $\frac{9}{12} : \frac{3}{14} =$ $\frac{2}{10} : \frac{26}{40} =$

H1 **108** Berechne den Wert.

a) $\frac{\frac{1}{2}}{\frac{7}{4}} =$ b) $\frac{\frac{3}{6}}{\frac{9}{4}} =$ c) $\frac{\frac{15}{12}}{\frac{9}{8}} =$ d) $\frac{\frac{6}{50}}{\frac{18}{20}} =$

Level 3

H1 H2 **109** Finde für den Bruch $\frac{7}{8}$ drei gleichwertige Doppelbrüche.

zB $\frac{4}{9} = \frac{\frac{4}{5}}{\frac{9}{5}} = \frac{\frac{4}{3}}{3} = \frac{\frac{7}{9}}{\frac{7}{4}}$

H1 H2 **110** Welche Brüche sind gleichwertig? Verbinde sie mit Linien.

$\frac{7}{4}$ $\frac{21}{24}$ $\frac{1}{\frac{8}{7}}$ $\frac{\frac{1}{8}}{\frac{8}{7}}$ $\frac{\frac{21}{8}}{\frac{24}{8}}$

$\frac{\frac{21}{3}}{\frac{8}{3}}$ $\frac{7}{8}$ $\frac{\frac{7}{2}}{\frac{8}{4}}$ $\frac{\frac{14}{2}}{\frac{24}{3}}$

K I1 H2 H3 K2 **111** Die Ordnung ist leider durcheinandergeraten. Finde die Fehler und korrigiere sie.

$1\frac{6}{8} < 2\frac{8}{10} < 2\frac{7}{8} < 1{,}75 < 4\frac{19}{20} < 3{,}99$

H1 **112** Nenne je drei rationale Zahlen, die auf der Zahlengeraden zwischen folgenden Zahlen liegen.

a) zwischen 4 und 6: ______

b) zwischen –3 und +3: ______

c) zwischen –6 und –1: ______

H2 **113** Ordne die Temperaturen nach der Größe. Beginne mit der größten:

a) –24,5°; +16,2°; –8°; +12,2°

b) +3,5°; +8,6°; –12,6°; 0°

c) 34,2°; –34,1°; 34,6°; 23,5°

d) +3,5°; –5,3°; +3,4°; –3,5°

H2 **114** Verbinde gleich große Werte durch Linien miteinander:

$-\frac{36}{72}$ $+\frac{52}{13}$ $-3\frac{7}{8}$ 4

$\frac{36}{9}$ $-\frac{31}{8}$ $+\frac{1}{2}$

H2 **115** Setze das richtige Zeichen ein (<, > oder =):

a) –6,5 +6,5

b) +2,6 +6,2

c) –80,5 –85,6

–4,8 0

–5,8 +8,5

0 –1,7

K I1 H3 K1 **116** Welche Sätze sind richtig, welche sind falsch? Kreuze an.

	richtig	falsch
a) –3,5 ist eine natürliche Zahl.	☐	☐
b) +4,5 ist eine ganze Zahl.	☐	☐
c) –4 ist eine natürliche Zahl.	☐	☐
d) 13 ist eine rationale Zahl.	☐	☐

H2 **117** Ermittle jeweils jene Zahl, die genau in der Mitte liegt zwischen:

a) +3 und +10: 6,5

b) +2 und +14:

c) +2 und –4: –1,

d) –4 und –7:

H1 H2 **118** Setze das richtige Zeichen ein (<, > oder =):

a) $-\frac{3}{5}$ $+\frac{3}{5}$

b) $-2\frac{2}{9}$ $+\frac{2}{9}$

c) $-4\frac{2}{8}$ $+4\frac{7}{8}$

H2 **119** Zu welchen Zahlenmengen gehören die Zahlen? Kreuze in der Tabelle an:

	3	–3	0	$-3\frac{2}{7}$	–8	+3,6
ℕ	X		X			
ℤ	X	X	X		X	
ℚ	X	X	X	X	X	X

Level 1

H2 **120** Gib zu jeder Zahl die Gegenzahl an:

a) +4,5

b) $-2\frac{2}{7}$

c) –14

d) +3,69

–4

+4,04

$+2\frac{5}{8}$

–6,6

I1 H2 **121** Gib den Betrag der Zahl an:

x	–2	+2	+4,4	–3,78	$-2\frac{3}{10}$	+8,09
|x|						

K I1 H3 K1 **122** Welche Sätze sind richtig, welche falsch? Kreuze an:

	richtig	falsch
a) Der Betrag von –5,5 ist größer als der Betrag von 55.	☐	X
b) 7,6 ist die Gegenzahl von 6,7.	☐	X
c) Jede Zahl hat eine Gegenzahl.	☐	X
d) +9,4 liegt auf der Zahlengeraden weiter links als –8,9.	☐	X

H2 **123** Bestimme die Summe oder Differenz:

a) (−2,3) + (+2,7) = 0,4

b) (+9,5) − (−2,7) = ______

c) (+4,4) + (−5,7) = −1,3

d) (+3,7) − (−4,8) = ______

H1 **124** Vereinfache so weit wie möglich:

a) $\left(-1\frac{8}{10}\right) + \left(+3\frac{4}{5}\right) =$

$= \left(-1\frac{8}{10}\right) + 3\frac{8}{10} = 2$

b) $1\frac{8}{10} - \left(-\frac{3}{5}\right) =$

c) $\left(-\frac{3}{5}\right) - \left(+\frac{7}{5}\right) =$

d) $\left(2\frac{7}{10}\right) - \left(+1\frac{3}{5}\right) =$

e) $\left(-\frac{5}{10}\right) + \left(+3\frac{2}{4}\right) =$

f) $\left(-3\frac{7}{8}\right) + \left(-\frac{3}{8}\right) =$

Level 2

H2 **125** Welche rationale Zahl kannst du für y einsetzen, damit die Gleichung gilt?

a) (−3,5) + y = 19

y = 22,5

b) (+9,4) − y = −2

c) y + (+8,8) = 10

H2 **126**

a) Welche Zahl ist um 1,2 kleiner als −1,2? −2,4

b) Welche Zahl ist um 5,1 größer als −3,9?

c) Welche Zahl ist um 7,5 kleiner als −14?

d) Welche Zahl ist doppelt so groß wie +5,4?

K I1 H1 H4 K3 **127** Das Gehaltskonto von Imre weist einen Kontostand von +720,50 € auf. „Das ist toll", meint seine Freundin Anna. „Da kannst du von deinem nächsten Gehalt, das normalerweise 1 025,50 € beträgt, mehr als ein Drittel für eine Urlaubsfahrt ausgeben, und du wirst immer noch ein Guthaben von mehr als 1 400,00 € haben."
„Und dann kann ich immer noch die Hälfte des Geldes, das übrig bleibt, für die Anschaffung eines Computers verwenden, der 750 € kostet", meint Imre.

Haben die beiden recht?

Finde eine Begründung: ______

______

______

______

H2 H4 **128** Nur eine der folgenden Aussagen ist richtig. Welche?

- ☐ a) Das Dreifache von –2,6 ist kleiner als –8.
- ☐ b) Die Hälfte von +4,6 ist größer als das Doppelte von –1,5.
- ☐ c) Verdoppelt man eine positive Zahl, so entsteht eine negative Zahl
- ☐ d) Ein Drittel von –6,6 ist genauso groß wie ein Viertel von 8,8.

Begründe deine Wahl: ______________________________

____

____

H3 **129** Nur eine Rechnung wurde richtig gelöst. Finde den Fehler und korrigiere ihn:

a) $(-2{,}7) - (+1{,}2) : (-3) + (-2{,}5) \cdot (-0{,}5) =$
$(-2{,}7) - (-0{,}4) + (+1{,}25) =$
$-2{,}7 + 0{,}4 + 1{,}25 = \mathbf{-1{,}05}$

b) $25 + (-1{,}26) : (-3) - (+2{,}4) \cdot (-0{,}2) + (-22{,}1) =$
$25 + (+0{,}42) - (+0{,}48) - 22{,}1 =$
$25 + 0{,}42 - 0{,}48 - 22{,}1 = \mathbf{-2{,}84}$

H1 H2 **130** An fünf Wintertagen betrug die niedrigste Temperatur:

–14,8 °C; –9,3 °C; 0,5 °C; 6,5 °C; –16,8 °C

Berechne den Mittelwert.

H2 **131** Vereinfache!

a) $+\left(+\frac{2}{10}\right) + \left(-\frac{4}{10}\right) \cdot \left(+\frac{4}{5}\right) =$

b) $\left(-\frac{3}{10}\right) : \left(-\frac{6}{10}\right) - \left(+\frac{4}{9}\right) =$

c) $\left(-1\frac{1}{10}\right) + \left(-2\frac{9}{10}\right) - \left(-\frac{4}{5}\right) : 2 =$

K I1 H2 H3 K2 **132** Welche Aufgaben haben dasselbe Ergebnis?

a) Die Summe aus –4,2 und –1,1 vermindert um die Differenz aus +3,9 und 1,2.

b) Die Differenz aus –3,2 und +4,5.

c) Das Doppelte aus der Summe von –3,2 und –1,8.

d) –8,1 vergrößert um ein Zehntel.

e) Das Dreifache von 2,7 verkleinert um 0,1.

Level 3

H2 **133** Berechne Umfang und Flächeninhalt von Rechteck und Quadrat:

a) a = 47 cm
b = 23 cm

b) a = 38 m

H1 **134** Beschrifte die Dreiecke: Eckpunkte, Seitenlängen, Winkel

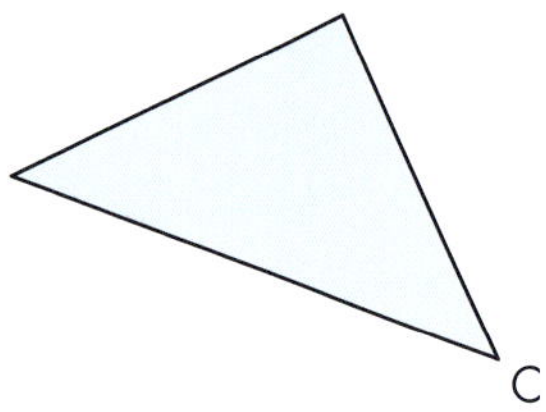

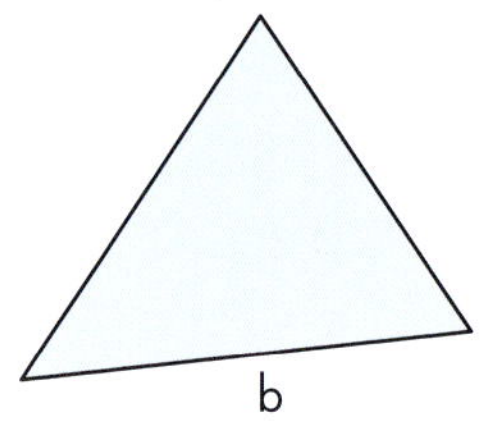

H2 H4 **135** Berechne den fehlenden Winkel im Dreieck:

α	37°	72°		42°
β		48°	77°	
γ	93°		66°	90°

Begründe deine Vorgehensweise: ______________________________

____

H2 **136** Berechne die fehlende Seitenlänge:

a) Rechteck: A = 4 212 m^2
b = 52 m

b) Quadrat: A = 225 m^2

H2 **137** Berechne den Flächeninhalt vom Dreieck:

a) c = 29 cm
h_c = 42 cm

b) b = 73 m
h_b = 56 m

$A = \frac{c \cdot h_c}{2}$

K I3 H1 H3 K2 **138** Kreuze die richtigen Aussagen an:
Ein Dreieck ist gleichschenklig, wenn …

- ☐ a) drei Winkel gleich groß sind.
- ☐ b) zwei Winkel gleich groß sind.
- ☐ c) $\alpha = \beta$
- ☐ d) b = c

H1 H2 **139** Konstruiere das Dreieck, miss die Höhe und berechne den Flächeninhalt:

a) a = 53 mm
b = 46 mm
c = 38 mm

b) c = 48 mm
α = 66°
β = 42°

H2 **140** Berechne die fehlende Seite, wenn du den Umfang kennst:

a) Rechteck:
u = 208 cm
a = 46 cm

b) Quadrat:
u = 156 m

H2 **141** Berechne den Flächeninhalt im rechtwinkligen Dreieck, wenn die Katheten gegeben sind:

a) a = 3,6 cm
b = 5,2 cm

b) a = 28 dm
b = 16 dm

H1 **142** Ergänze:

Wir sprechen von einem allgemeinen Dreieck, wenn alle drei ______________________ verschieden groß und alle drei ______________________ verschieden lang sind.

Besprich deine Lösung mit einer Sitznachbarin/einem Sitznachbarn.

K I3 H1 H2 K2 **143**

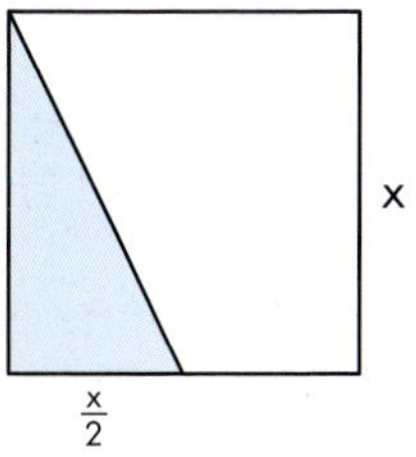

Von einem Quadrat wird der gefärbte Teil abgeschnitten.
Wie viel % der Gesamtfläche wird abgeschnitten?

Kreuze richtig an:

☐ a) 15 % ☐ b) 25 % ☐ c) 30 %

Level 2

144 Berechne im Kopf: Dreieck

	a)	b)	c)	d)	e)
a	12 cm	8 cm	5,5 cm	9 cm	15 cm
h_a	12 cm	10 cm	8 cm	14 cm	16 cm
A	72 cm²				

145 Berechne den gefärbten Flächeninhalt:

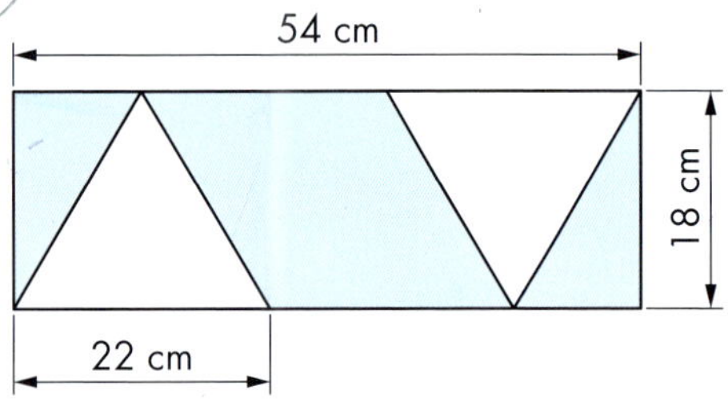

146 Zeichne eine Höhe ein, miss die benötigten Längen und berechne den Flächeninhalt.

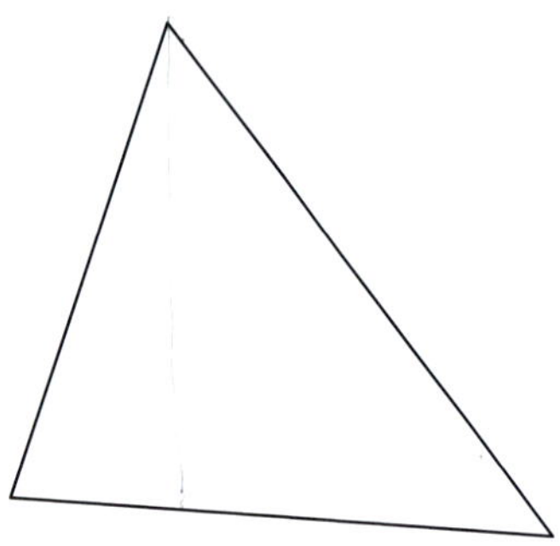

147 Berechne den Flächeninhalt des Dreiecks:

a) b = 12,5 cm
h_b = 17,2 cm

b) a = 34 m
h_a = 22,5 m

148 Berechne die zugehörige Höhe, wenn du den Flächeninhalt und die Länge einer Seite eines Dreiecks kennst:

A = 1 344 cm²
b = 48 cm

(b · h) : 2 = A
(A : b) · 2 = h

149 Wie bezeichnen wir das Dreieck, dessen zwei kürzere Seiten Katheten heißen?

Dieses Dreieck nennen wir ______________________________.

H1 H2 **150** Konstruiere das Dreieck, miss die benötigten Längen und berechne u und A!

$c = 5{,}6$ cm
$\alpha = 48°$
$b = 4{,}8$ cm

H2 **151** Berechne die gesuchte Seite:

a) $A = 598$ m²
$b = 26$ m
$h_b = ?$

b) $A = 1\,560$ dm²
$h_a = 48$ dm
$a = ?$

Level 2

K I3 H1 K3 **152** Paul meint, wenn er eine Höhe eines gleichschenkligen Dreiecks verdoppelt, aber die Grundlinie gleich lässt, entsteht ein Dreieck, in dem auch die beiden anderen Höhen verdoppelt sind. Untersuche mithilfe einer Skizze, ob dies stimmen kann.

H1 H2 **153** Zeichne das Dreieck im Koordinatensystem, miss die benötigten Längen und berechne u und A:

A (–3/–1); B (4/0); C (1/3)

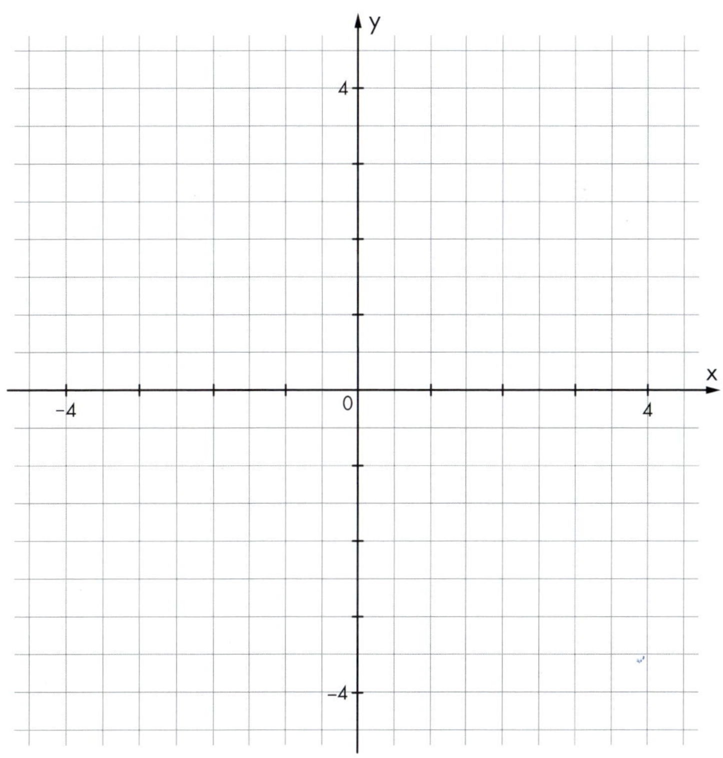

K I3 H1 K1 **154** Wie verändert sich der Flächeninhalt eines Dreiecks, wenn du die Höhe …

a) … halbierst? Der Flächeninhalt wird halbiert.

b) … verdreifachst? Der Flächeninhalt wird verdreifacht.

Level 3

H1 H2 **155** Berechne den Flächeninhalt aller vier Seitenflächen einer quadratischen Pyramide.

mündl. od. TR.

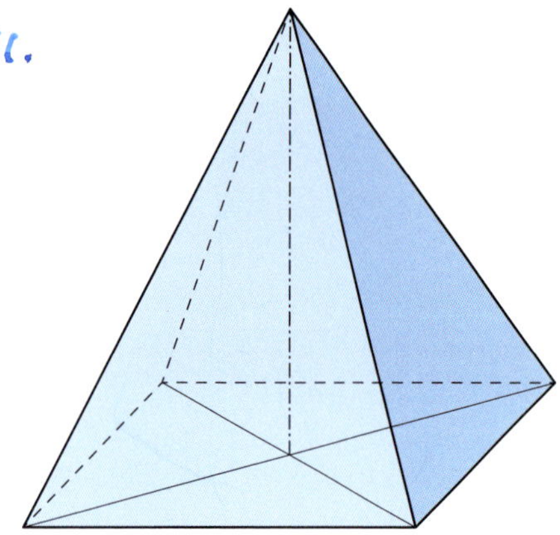

Grundkantenlänge $a = 12{,}5$ m
Seitenflächenhöhe $h_a = 15$ m

H1 H2 **156** Konstruiere ein gleichseitiges Dreieck, miss die Höhe und berechne u und A für $a = 3{,}9$ cm.

H1 H2 **157** Ein Rechteck ($a = 88$ m, $b = 52$ m) ist flächengleich mit einem gleichschenkligen Dreieck mit der Basislänge $a = 65$ m. Berechne die Basishöhe des Dreiecks.

K I3 H1 H3 K2 **158** Jedes regelmäßige Vieleck kann in kongruente Dreiecke zerlegt werden. Wie groß sind die jeweiligen Zentriwinkel …

a) … im regelmäßigen 5-Eck: ____________

b) … im regelmäßigen 6-Eck: ____________

c) … im regelmäßigen 8-Eck: ____________

d) … im regelmäßigen 10-Eck: ____________

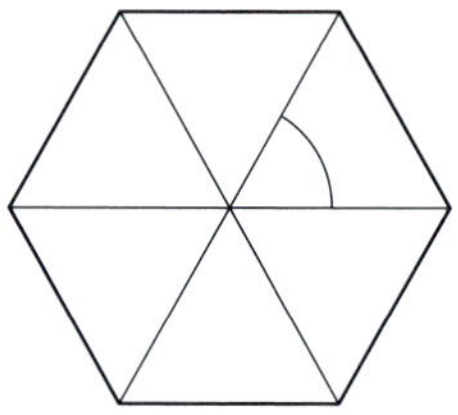

K I3 H1 H4 K2 **159** Entscheide, ob die Aussage richtig (r) oder falsch (f) ist: Begründe deine Entscheidung.

Ein gleichschenkliges Dreieck kann stumpfwinklig sein. r

Die Höhe eines Dreiecks kann gleich lang wie eine Seite sein. f x r

Die kürzeste Seite eines Dreiecks liegt dem größten Winkel gegenüber. f

Besprich deine Überlegungen mit einer Sitznachbarin/einem Sitznachbarn.

H1 **160** Konstruiere die „4 merkwürdigen Punkte" im Dreieck:

a = 42 mm b = 58 mm c = 62 mm

H1 H2 **161** Berechne den Oberflächeninhalt des zusammengesetzten Körpers.

rechnen

Würfelkante: 15 cm a

Höhe einer Dreieckseite: 22 cm h_a

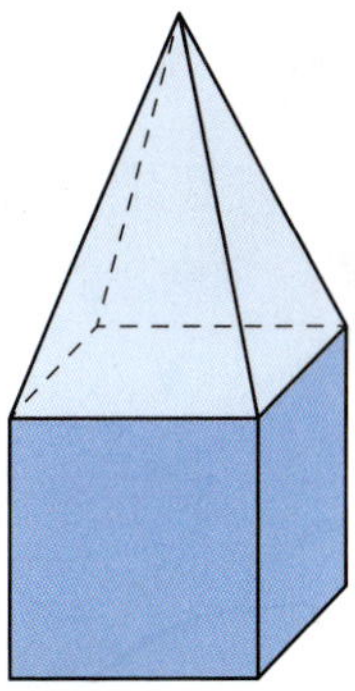

H1 H2 **162** Die Entfernung zwischen zwei Orten hat auf einer Karte im Maßstab 1 : 150 000 eine Länge von 4,8 cm. Wie viele km sind diese beiden Orte in Wirklichkeit voneinander entfernt?

auch nicht jetzt

K I3 H1 K1 **163** Der Inkreismittelpunkt im Dreieck ist der Schnittpunkt der ______________________________ .

Der Umkreismittelpunkt im Dreieck ist der Schnittpunkt der ______________________________ .

Die Schwerlinien zeichnen wir als Verbindung vom Seitenmittelpunkt zum

________________________ ________________________.

Level 1

H2 **164** Schreib als Potenz:

a) $8 \cdot 8 \cdot 8 =$
$7 \cdot 7 \cdot 7 =$
$9 \cdot 9 =$
$12 \cdot 12 =$

b) $5 \cdot 5 \cdot 5 \cdot 5 =$
$(-4) \cdot (-4) \cdot (-4) =$
$6 \cdot 6 \cdot 6 \cdot 6 =$
$(-8) \cdot (-8) \cdot (-8) =$

c) $3 \cdot 3 \cdot 3 \cdot 3 =$
$2 \cdot 2 \cdot 2 \cdot 2 \cdot 2 =$
$(-7) \cdot (-7) =$
$11 \cdot 11 \cdot 11 \cdot 11 =$

H2 **165** Berechne:

zB $8^3 = 8 \cdot 8 \cdot 8 = 512$

a) $3^2 =$
$7^2 =$
$5^3 =$
$6^2 =$

b) $8^2 =$
$9^2 =$
$3^3 =$
$4^2 =$

c) $5^2 =$
$10^2 =$
$4^3 =$
$2^3 =$

H2 **166** Berechne die Quadratzahlen:

a) $7^2 =$
$70^2 =$
$700^2 =$

b) $14^2 =$
$140^2 =$
$1\,400^2 =$

c) $8^2 =$
$80^2 =$
$800^2 =$

H2 **167** Achte beim Berechnen auf das Komma:

zB $1{,}3^2 = 1{,}69$

a) $0{,}6^2 =$
$0{,}06^2 =$
$0{,}006^2 =$

b) $0{,}12^2 =$
$1{,}2^2 =$
$0{,}012^2 =$

c) $0{,}3^2 =$
$0{,}03^2 =$
$0{,}003^2 =$

H3 **168** Verbinde jeweils mit dem richtigen Ergebnis:

13^2	16^2	12^2	15^2	18^2	14^2	17^2	19^2
169	256	324	196	225	289	361	144

K I1 H3 K2 **169** Kontrolliere und schreibe **r** für richtig bzw. **f** für falsch:

a)
$0{,}2^2 = 0{,}4$
$(-4) \cdot 9 = -36$
$(-5) \cdot (-2) = 10$
$1{,}3^2 = 1{,}96$

b)
$0{,}9^2 = 0{,}81$
$1{,}8^2 = 3{,}24$
$(-1{,}6)^2 = 2{,}56$
$-(-0{,}9)^2 = 8{,}1$

c)
$(-7)^2 = -49$
$(-0{,}6)^2 = 3{,}6$
$-(1{,}4)^2 = -1{,}96$
$0{,}04^2 = 0{,}016$

K I1 H1 K1 **170** Wie viele Schichten Papier liegen übereinander, wenn du einen Bogen Papier …

… dreimal faltest? Lagen

… viermal faltest? Lagen

… sechsmal faltest? Lagen

Fotolia.com/wattchok

H2 **171** Schreib als Zahl oder als Zehnerpotenz:

zB $10^2 = 100$

a) $10^3 =$ 1000
$10\,000 =$ 10^4
$10^{10} =$ 10000000000
$100\,000\,000 =$ 10^8

b) $1\,000 =$
$100\,000 =$
$10\,000\,000 =$
$10^5 =$

c) $10^4 =$
$10^7 =$
$100 =$
$100\,000\,000\,000 =$

H2 **172** Schreib als Produkt:

zB $70\,000 = 7 \cdot 10\,000 = 7 \cdot 10^4$

a) $300\,000 =$
$40\,000 =$
$7\,000 =$
$800\,000 =$

b) $1\,000\,000 =$ 10^6
$7\,000\,000 =$ $7 \cdot 10^6$
$40\,000\,000 =$ $4 \cdot 10^7$
$600\,000\,000 =$ $6 \cdot 10^8$

H2 **173** Schreib als Zehnerpotenz:

zB $56\,000 = 56 \cdot 10^3$

a) $88\,000 =$
$5\,800 =$
$75\,000 =$
$1\,200 =$

b) $140\,000 =$
$23\,000\,000 =$
$870\,000 =$
$36\,000\,000 =$

Level 1

H2 **174** Schreib als Zahl ohne Zehnerpotenz:

zB $7 \cdot 10^4 = 7 \cdot 10\,000 = 70\,000$

a) $5 \cdot 10^3 =$
$3 \cdot 10^2 =$
$43 \cdot 10^6 =$
$55 \cdot 10^7 =$

b) $8 \cdot 10^5 =$
$12 \cdot 10^4 =$
$72 \cdot 10^3 =$
$24 \cdot 10^2 =$

K I1 H1 H3 K2 **175** Füge die richtigen Paare zusammen:

a) $25 \cdot 10^3 =$ (1) 4 100
b) $41 \cdot 10^2 =$ (2) 25 000
c) $410 \cdot 10^3 =$ (3) 25 000
d) $250 \cdot 10^2 =$ (4) 410 000
e) $41 \cdot 10^3 =$ (5) 41 000

H2 **176** Setze das Zeichen < oder > ein:

a) $34 \cdot 10^3$ $43 \cdot 10^2$
$(-12) \cdot 10^2$ $12 \cdot (-10)^2$
$750 \cdot 10^8$ $75 \cdot 10^7$

b) $45 \cdot 10^4$ $54 \cdot 10^3$
$23 \cdot 10^7$ $27 \cdot 10^6$
$77 \cdot 10^3$ $88 \cdot 10^2$

H2 **177** Ergänze die Sätze:

Potenzen mit negativer Basis sind positiv, wenn
die Hochzahl gerade ist.

Potenzen mit negativer Basis sind negativ, wenn
die Hochzahl ungerade ist

$(-3)^2 =$ ______ $(-3)^4 =$ ______
$(-3)^3 =$ ______ $(-3)^5 =$ ______

H2 **178** Multipliziere und schreib als Zehnerpotenz:

a) $10^3 \cdot 10^5 =$ 10^8
$6 \cdot 10^9 \cdot 7 \cdot 10^2 =$ $42 \cdot 10^{11}$
$3{,}5 \cdot 10^2 \cdot 4 \cdot 10^5 =$ $14 \cdot 10^7$

b) $(-3) \cdot 10^2 \cdot 4 \cdot 10^3 =$
$5{,}5 \cdot 10^4 \cdot 8 \cdot 10^6 =$
$7 \cdot 10^7 \cdot (-6{,}5) \cdot 10^3 =$

H2 **179** Dividiere und schreib als Zehnerpotenz:

a) $10^6 : 10^2 =$
$10^9 : 10^3 =$
$10^{12} : 10^8 =$
$10^7 : 10^3 =$

b) $(45 \cdot 10^4) : (9 \cdot 10^2) =$
$(72 \cdot 10^{10}) : (8 \cdot 10^7) =$
$(6{,}4 \cdot 10^5) : (0{,}8 \cdot 10^3) =$
$(42 \cdot 10^3) : (7 \cdot 10^2) =$

H3 **180** Es ist erstaunlich, dass auch die wiederholte Multiplikation mit 2 sehr schnell eine große Zahl ergibt. Das kannst du hier feststellen, wenn du rechnest:

$2^0 =$ ______	$2^1 =$ ______	$2^2 =$ ______
$2^3 =$ ______	$2^5 =$ ______	$2^8 =$ ______
$2^{12} =$ ______	$2^{15} =$ ______	$2^{20} =$ ______
$2^{22} =$ ______	$2^{25} =$ ______	$2^{30} =$ ______
$2^{33} =$ ______	$2^{35} =$ ______	$2^{40} =$ ______

Level 2

K I1 H3 K2 **181** Mithilfe von Zehnerpotenzen können große Entfernungen angegeben werden.
Lies die Zehnerpotenz und schreib als Zahl:

Durchschnittliche Entfernung: Erde – Mond	$385 \cdot 10^3$ km	385 000
Kleinste Entfernung: Erde – Venus	$38 \cdot 10^6$ km	38 000 000
Größte Entfernung: Erde – Mars	$401 \cdot 10^6$ km	401 000 000
Entfernung: Erde – Sonne	$15 \cdot 10^7$ km	150 000 000
Größe Entfernung: Erde – Jupiter	$968 \cdot 10^6$ km	
Entfernung: Sonne – Uranus	$29 \cdot 10^8$ km	

H2 H3 **182** Schreib als Potenz:

a) $y \cdot y \cdot y =$
$m \cdot i \cdot m \cdot i \cdot m =$
$2e \cdot 2e \cdot 2e =$
$(-4b) \cdot (-4b) =$ $-16b^2$
$(-15x) \cdot (-15y) =$

b) $f \cdot f \cdot f \cdot f \cdot f =$
$(-w) \cdot (-w) \cdot (-w) \cdot (-w) =$
$3u \cdot 3u \cdot 3u =$
$7g \cdot 3h \cdot 7g \cdot 3h =$ $49g^2 \cdot 9h^2$
$6a \cdot (-4a) \cdot (-2a) =$

K I1 H3 K2 **183** Potenzieren bezeichnet eine in der Homöopathie angewandte Methode zur Herstellung von homöopathischen Arzneimitteln.
Bei diesem Zubereitungsverfahren wird die Arzneisubstanz schrittweise mit Wasser oder Alkohol verschüttelt oder mit Milchzucker verrieben und dabei häufig so extrem verdünnt, dass der Ausgangsstoff nicht mehr nachweisbar ist.
Recherchiere die Begriffe Homöopathie, D-Potenz, C-Potenz und Q-Potenz.

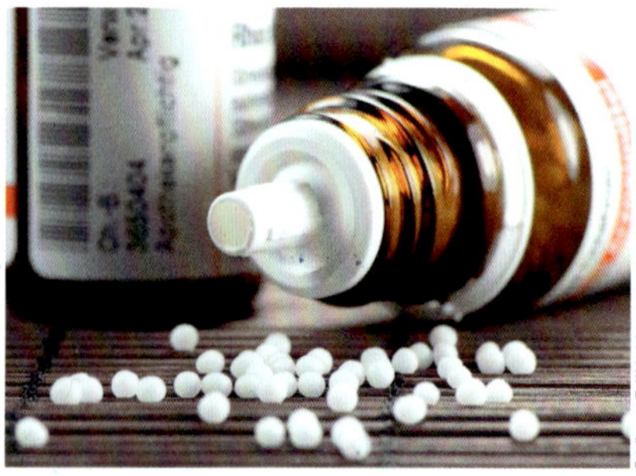
Fotolia.com/B. Wylezich

H2 **184** Quadriere die Bruchzahlen:

a) $\left(\frac{2}{3}\right)^2 = \frac{4}{9}$ b) $\left(\frac{4}{5}\right)^2 = \frac{16}{25}$ c) $\left(\frac{7}{8}\right)^2 = \frac{49}{64}$ ✓

$-\left(\frac{12}{15}\right)^2 =$ $-\left(\frac{8}{11}\right)^2 =$ $\left(\frac{12}{13}\right)^2 =$

$\left(\frac{18}{19}\right)^2 =$ $\left(\frac{10}{25}\right)^2 =$ $\left(-\frac{14}{17}\right)^2 =$

H2 **185** **Wichtige Fakten unserer Erde.** Schreib die Zahlen als Zehnerpotenz:

Alter: 4 540 000 000 Jahre

Radius: circa 6 400 km

Entfernung zur Sonne: 149 600 000 km

Masse: 5 975 000 000 000 000 000 000 000 kg

Bevölkerung (Stand: 05.09.2013): 7 164 261 800 Menschen ~~71642618 · 10²~~ ✗

H2 **186** Schreib in Gleitkommadarstellung:

a) 243 000 000 = $2{,}43 \cdot 10^8$ ✓
75 000 000 000 = $7{,}5 \cdot 10^{10}$
1 900 000 = $1{,}9 \cdot 10^6$

b) 19 500 000 =
2 654 000 000 =
67 000 000 000 =

H2 **187** Schreib als Zahl:

a) $1{,}26 \cdot 10^6 =$ 1260000
$5{,}9 \cdot 10^4 =$ 59 000
$2{,}98 \cdot 10^6 =$ 2980000

b) $4{,}5 \cdot 10^8 =$
$3{,}8 \cdot 10^5 =$
$0{,}784 \cdot 10^9 =$

H2 **188** Bilde das Produkt:

a) $x^2 \cdot x^3 =$
$v^z \cdot v^y =$
$e^a \cdot e^b \cdot e^c =$

b) $a^r \cdot a^s =$
$s^e \cdot s^f \cdot s^g =$
$k^o \cdot k^p =$

H2 **189** Berechne den Quotient:

a) $a^3 : a^2 =$
$v^z : v^y =$
$s^f : s^g =$

b) $a^r : a^s =$
$e^a : e^b =$
$x^2 : x^3 =$

K I1 H1 K2 **190** Ergänze, sodass allgemein gültige Rechenregeln für das Rechnen mit Potenzen entstehen. Erfinde auch je ein geeignetes Beispiel:

		Beispiel
Potenzen multiplizieren:	$a^x \cdot a^y =$ geht nich	
Potenzen dividieren:	$a^x : a^y =$ – " –	
Potenzen potenzieren:	$(a^x)^y =$ – " –	

Level 2

H1 **191** Das BIP (Bruttoinlandsprodukt) der Europäischen Union betrug im Jahr 2012 etwa $16{,}6 \cdot 10^{12}$ US-Dollar, jenes der USA etwa $15{,}7 \cdot 10^{12}$ US-Dollar. Für die USA war dies ein Plus von 2,2 %, für die EU ein Minus von 0,2 % zum Vorjahr.
Schreib die Werte als Zahlen an und berechne die Differenz.

H1 H3 **192** Schreibe die Masse der Planeten in Gleitkommadarstellung an: Recherchiere die Zahlen!

Himmelskörper	Masse als Zahl	Gleitkommadarstellung
Mars		
Sonne		
Jupiter		
Saturn		

Level 3

H2 **193** Berechne den Quotient:

a) $21c^4 : 7c^2 =$
$72b^5 : 9b^3 =$
$56m^3n^2 : 7mn =$

b) $84v^3 : 12v^2 =$
$144e^8 : 12e^5 =$
$99j^6 : 11j^5 =$

H2 **194** Berechne die Quadratwurzel:

a) $\sqrt{225} =$
$\sqrt{289} =$
$\sqrt{169} =$

b) $\sqrt{0{,}0144} =$
$\sqrt{0{,}09} =$
$\sqrt{3{,}24} =$

c) $\sqrt{1{,}96} =$
$\sqrt{0{,}0081} =$
$\sqrt{0{,}49} =$

H4 **195** Paul behauptet: „Wenn ich eine Zahl quadriere und aus dem Ergebnis die Wurzel ziehe, erhalte ich wieder die Ausgangszahl."

Sophie meint, dies müsste auch umgekehrt möglich sein: zuerst Wurzel ziehen, dann quadrieren.

Untersucht zu zweit, ob Paul und Sophie richtig denken, und begründet eure Antwort.

H2 **196** Ziehe die Wurzel:

a) $\sqrt{36d^2} =$
$\sqrt{121m^2} =$
$\sqrt{0{,}0256r^4} =$

b) $\sqrt{0{,}16e^2} =$
$\sqrt{400z^2} =$
$\sqrt{2{,}25p^2} =$

c) $\sqrt{4k^4g^2} =$
$\sqrt{361j^2} =$
$\sqrt{49p^2} =$

K I1 H3 K2 **197** Zwischen welchen ganzen Zahlen muss das Ergebnis liegen?

a) $\quad < \sqrt{150} < \qquad\qquad < \sqrt{200} <$

b) $\quad < \sqrt{280} < \qquad\qquad < \sqrt{60} <$

c) $\quad < \sqrt{90} < \qquad\qquad < \sqrt{300} <$

H1 **198** Berechne den Flächeninhalt des Quadrats:

a) $a = 3b$ b) $a = 12xy$ c) $a = 25a$

H1 **199** Berechne das Volumen des Würfels:

a) $a = 5c$ b) $a = 4tz$ c) $a = 3vw$

H2 **200** Potenzen potenzieren:

zB $(2a^2)^3 = 8a^6$

a) $(3a^2b^3)^2 =$

$(2x^3y^3)^2 =$

$(3m^5n^4)^3 =$

b) $(2e^2f^3)^3 =$

$(7g^4h^3)^2 =$

$(8t^7z^5)^3 =$

H2 **201** Bruchterme potenzieren:

a) $\left(\frac{2x}{5y}\right)^2 =$

$\left(\frac{4f^2}{5g^3}\right)^3 =$

$\left(\frac{2u^2}{7v^3}\right)^2 =$

b) $\left(\frac{3x^2}{2y^3}\right)^2 =$

$\left(\frac{5g^2}{6h^3}\right)^2 =$

$\left(\frac{3z^2}{4t^3}\right)^3 =$

H1 H2 **202** Mit einem Durchmesser von bis zu einer Million Kilometern zählen die **Saturnringe** zu den erstaunlichsten Phänomenen unseres Sonnensystems.

Der innerste Ring hat einen Radius von $67 \cdot 10^3$ km.
Der äußerste Ringradius beträgt $12 \cdot 10^6$ km.

Gib die Durchmesser in Gleitkommaschreibweise an:

DigitalVision

K I1 H3 K2 **203** Setze die unten stehenden Begriffe richtig in die Lücken ein:

Potenzen mit gleicher ______________ werden ______________, indem man die ______________ ______________. ______________ mit ______________ Basis werden ______________, indem man die ______________ subtrahiert. Eine ______________ wird potenziert, indem man die Exponenten ______________ .

addiert, multipliziert, Basis, Hochzahlen, dividiert, Potenzen, gleicher, multipliziert, Potenz, Exponenten

Level 3

Level 1

H1 **204** Schreib als Term:

a) Multipliziere 15 mit x und addiere y:

b) Subtrahiere d vom 7-Fachen der Zahl e:

c) Vergrößere das 4-Fache von a um b:

d) Bilde die Differenz vom 6-Fachen und 2-Fachen der Zahl z:

H2 **205** Vereinfache die Terme so weit wie möglich:

a) s + s + s + s = ____________ b) e + f + e + f +e = ____________

c) g + g + g + v + v = ____________ d) a + b + a + a + b + a = ____________

H2 **206** Vereinfache die Terme:

a) 3x + 5x + 7x = ____________ b) 4m + 6m – 7m = ____________

c) 5t + 8t – 2t – 5t = ____________ d) 12s + 27s – 18s = ____________

H2 **207** Berechne:

a) 2t + 4z – 3z – t = ____________ b) 8s + 9f – 4f – 7s = ____________

c) 9b + 3a – 2a – 7b = ____________ d) 12k – 8m + 10m – 10k = ____________

H1 H3 **208** Erstelle aus folgenden Informationen Terme für jedes Familienmitglied:

„Ich heiße Sophie. Ich bin x Jahre alt."
„Ich heiße Martin. Ich bin Sophies Bruder und 4 Jahre älter als sie."
„Ich bin Sophies Mutter und fünfmal so alt wie meine Tochter."
„Ich bin Sophies Vater. Ich bin 5 Jahre älter als Sophies Mutter."
„Ich bin Sophies Oma und genau zehnmal so alt wie sie."
„Ich bin Sophies Opa. Ich bin 7 Jahre älter als Sophies Oma."

	Term	Alter
Sophie	16 13	12
Martin		
Mutter		
Vater		
Oma		
Opa		

Berechne mit folgender Zusatzinfo das Alter der Familienmitglieder:
„Ich bin Sandra, Sophies beste Freundin. Ich bin 2 Jahre jünger als Martin, nämlich 9 Jahre alt."

K I2 H3 K1 **209** Welcher der Terme beschreibt die Länge des Streckenzugs?

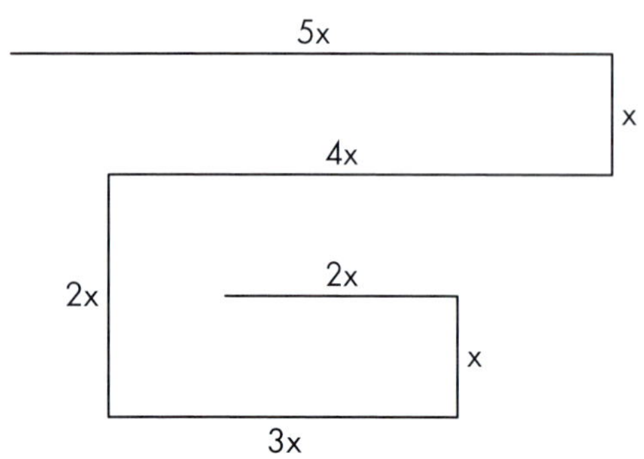

- [ ] a) 13x
- [ ] b) 16x
- [x] c) 18x
- [ ] d) 20x

H1 **210** Stelle den Term durch eine Strecke dar:

a) 2x + y

b) 3y – 4x

H2 **211** Vereinfache den Term:

a) 3,5x + 2,8y – 1,7x – 3,4y =

b) –8,8a + 2,2b + 4,5a – 6,6b =

c) 0,4e – 2,9f + 3,5f – 0,6e =

d) 12,4v – 9,5w + 7,3w – 14,1v =

H2 **212** Vereinfache und überprüfe mit einer Probe: a = 3

a) 2a + 7a – 6a =

b) 0,5a – 1,7a + 2,3a =

H2 **213** Vereinfache und überprüfe mit einer Probe: x = 2 y = 1

a) 3x + 7y – 4x – 2y =

b) 6,5x + 8,5x – 7y – 2y =

H2 **214** Beachte die Klammer!

a) 12a – 3b + 5a = ____________

12a + 3b + 5a = ____________

12a – (3b + 5a) = ____________

12a – 3b – 5a = ____________

b) 12a + 3b – 5a = 7a + 3b

–12a + 3b – 5a = –17a + 3b

12a – (3b – 5a) = 17a – 3b

–12a – 3b – 5a = –17 – 3b

K I2 H1 H3 K2 **215** Ordne richtig zu:

Monom	Binom	Polynom
7x	2,4x – 7,2y	
–18a	2x – 4y	
2,52n	7,3e + 9,7f	

2x – 4y | 9a + 7x – 8y | 11a + 2b + 8c | 2,4x – 7,2y | –18a

2,52n | 7,3e + 9,7f | 0,1j + 0,2u + 0,3z | 7x

Level 1

Level 2

H2 **216** Berechne den Wert des Terms:

a) $T(x) = 2 \cdot x - 5$

$T(1) =$ -3 $T(2) =$ -1 $T(5) =$ 5 $T(7) =$ 9

b) $T(x) = 12 - 3 \cdot x$

$T(3) =$ ____ $T(4) =$ ____ $T(5) =$ ____ $T(8) =$ ____

c) $T(x) = 0{,}5 \cdot x + 2$

$T(1) =$ ____ $T(5) =$ ____ $T(9) =$ ____ $T(12) =$ ____

H2 **217** Ergänze die Tabelle:

	a	b	c	a + b – c	c – (a + b)	a – b – c
a)	5	3	2			
b)	6	–4	0			
c)	0	5	–3			
d)	4	–2	2			
e)	–1	6	8			

H2 **218** Vereinfache so weit wie möglich:

a) $4x - (2x + 7y) + 5y =$

b) $3a - 2b - (6a - 8b) =$

c) $5x + 7y - (2y + 5x) =$

d) $(-3a + 4b) - (6a + 2b) =$ (d) handwritten crossed out)

H2 **219** Achte auf die Hochzahl:

a) $3m^2 - 4m + 5m^2 - 2m =$

b) $-(a^2 + b^2) - (a + b) - (a^2 - b^2) =$

c) $t^3 + t^2 - 3t^3 + 2t^2 =$

d) $3s - 4s^2 - (5s^2 + 3s^3 - s) =$

H3 **220** Ergänze das fehlende Rechenzeichen:

a) $4f^2 \quad\quad f^2 = 3f^2$

b) $3c^3 \quad\quad (-3c^3) = 6c^3$

c) $2x^2 \quad\quad 4x^2 \quad\quad 5x^2 = x^2$

d) $5m^3 \quad\quad 3m^3 \quad\quad 10m^3 = -2m^3$

K I2 H3 K2 **221** Ordne die Terme den richtigen Aussagen zu:

a) In der 3a-Klasse sind x Schülerinnen und y Schüler. Wie viele Kinder sind es insgesamt?

b) Klaus wiegt x kg. Sein Vater wiegt viermal so viel und 4 kg dazu. Wie viel kg wiegt der Vater?

c) Der Eintritt für Erwachsene kostet x €, für Kinder y €. Wie viel zahlt Familie Tanzer für zwei Erwachsene und drei Kinder?

d) Ein Briefumschlag wiegt x Gramm, 1 Bogen Briefpapier y Gramm. Wie schwer ist ein Umschlag mit vier Bögen?

(1) $x + 4y$ (2) $4x + 4$ (3) $2x + 3y$ (4) $x + y$

H2 H3 **222** Berechne den Wert für folgende Terme, wenn $x = 3$ $y = 4$ $z = -2$

a) $2 \cdot x - 3 \cdot y + 4 \cdot z =$

b) $5 \cdot z + 2 \cdot y - 3 \cdot x =$

c) $7x + 3y - 4z =$

d) $3y - 8x + 5z =$

e) $0{,}5x + 2{,}5y - 6{,}5z =$

–11	U
24,5	K
–14	M
41	S
–22	I

Die richtige Reihenfolge ergibt das Lösungswort ______________ .

H2 **223** Achte auf die Reihenfolge der Klammern:

a) $\{3x + [2x - 4y - (3y - 2x)]\} - 5x =$

b) $4a - \{2b + 5a - [3a + 2b - (4a + b)] - 2a\} + b =$

Level 2

H2 **224** Ergänze die Tabelle:

	x	y	z	x – y – z	y – (x + z)	x – y + z
a)	2,5	3,4	2,1			
b)	1,6	–4,2	0			
c)	0	3,5	–0,3			
d)	1,4	–1,2	2,5			
e)	–3,1	2,6	0,8			

H2 **225** Stelle durch einen kürzeren Term dar und überprüfe durch Einsetzen:

$a = 4$ $b = 5$ $c = 3$

zB
$7a + 6b + 3a - 2b = 10a + 4b$
$28 + 30 + 12 - 10 = 40 + 20$
$60 = 60$

a) $4a + 3b + 3c + 4a - 10b =$

b) $5b + 3c - 8b + 7c =$

K I2 H1 K1 **226** Ergänze die Lücken:

Ein mathematischer Term kann ______________, ______________, ______________ und ______________ enthalten.

Wir unterscheiden drei Termarten: ______________, ______________, ______________. Die Zahl vor der Variablen nennen wir ______________.

Verwende die Wörter: *Polynom, Zahlen, Koeffizient, Monom, Klammern, Variable, Binom, Rechenzeichen*

Level 1

H2 **227** Vereinfache:

a) $3 \cdot x \cdot y \cdot 5 =$ ____________

$8 \cdot s \cdot t \cdot 3 =$ ____________

$(-2) \cdot (-4) \cdot 5 \cdot g \cdot h =$ ____________

$t \cdot 4 \cdot (-3) \cdot s =$ ____________

b) $(-2) \cdot a \cdot (-3) \cdot b =$ ____________

$e \cdot (-4) \cdot f \cdot 7 =$ ____________

$m \cdot n \cdot (-6) \cdot 2 =$ ____________

$(-0{,}5) \cdot 2 \cdot x \cdot y =$ ____________

H2 **228** Berechne das Produkt:

a) $5x \cdot 3y =$ ____________

$4a \cdot 6b =$ ____________

$0{,}6e \cdot 7f =$ ____________

$1{,}2r \cdot 6s =$ ____________

b) $0{,}5a \cdot 6b =$ ____________

$3{,}2x \cdot 4y =$ ____________

$2{,}5h \cdot 4d =$ ____________

$0{,}7i \cdot 5j =$ ____________

H2 **229** Dividiere oder schreib als Bruch und kürze:

a) $6f : 3 =$ ____________

$15g : (-5) =$ ____________

$30s : 6 =$ ____________

$(-24{,}4h) : 4 =$ ____________

b) $12k : 4k =$ ____________

$24s : 6s =$ ____________

$42e : (-7e) =$ ____________

$(-56t) : 8t =$ ____________

H3 **230** Verbinde gleichwertige Terme. Ein Term bleibt übrig.

$24e : 6e$	$4{,}5e \cdot 4f$	$5e$	$18ef$
$28e : (-7e)$	-4	$40ef : 8f$	

Der Term ____________ bleibt übrig.

H2 **231** Dividiere:

a) $12fg : 3g =$ ____________

$15gh : (-5h) =$ ____________

$36rs : 6s =$ ____________

$(-25{,}5fg) : 5g =$ ____________

b) $20kt : 4k =$ ____________

$42st : 6s =$ ____________

$49eg : (-7eg) =$ ____________

$(-72tz) : 8t =$ ____________

K I2 H1 K1 **232** Wie lautet der Term, der den Umfang der Figur angibt:

a)

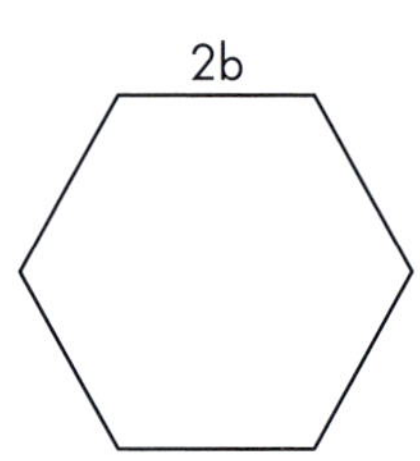

u =

b)

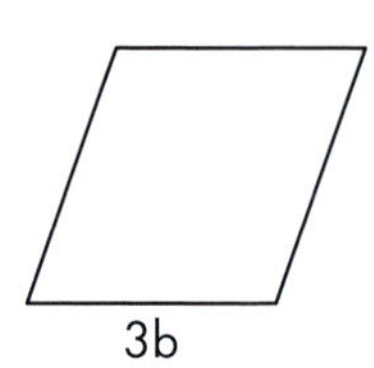

u =

c)

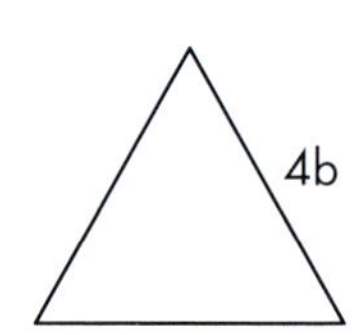

u =

H2 **233** Berechne Umfang und Flächeninhalt des Rechtecks:

	Länge	Breite	Umfang	Flächeninhalt
zB	5v	3w	u = (5v + 3w) · 2 = 10v + 6w	A = 5v · 3w = 15vw
a)	2t	s		
b)	4x	3y		
c)	7h	4j		
d)	3e	6f		

H2 **234** Berechne Umfang und Flächeninhalt des Quadrats:

	Seite	Umfang	Flächeninhalt
zB	6g	u = 4 · 6g = 24g	A = 6g · 6g = $36g^2$
a)	2d		
b)	4a		
c)	5k		
d)	9m		

Level 1

H3 **235** Kreuze den richtigen Term an:

a) Die Differenz von 3x und 8y wird mit 4z multipliziert.

☐ 3x + 8y · 4z ☐ 4z – 8y · 3x ☐ (3x – 8y) · 4z

b) Das Produkt von 5a und 7b wird zu 3c addiert.

☐ 5a · 7b + 3c ☐ 3c + 5a · 7b ☐ 5a · (7b + 3c)

H2 **236** Multipliziere die Binome:

a) (4x – 7y) · 3y = ______
(8a – 5) · 6b = ______
(0,3d – 0,6e) · 7f = ______
(0,9p + 1,2r) · 6s = ______

b) (0,5a + 7) · 6b = ______
(3,2x – 6z) · 4y = ______
(1,5e – 2,5) · 4d = ______
(0,4g + 0,7i) · 5j = ______

H2 **237** Dividiere die Binome:

a) (9g + 12fg) : 3g = ______
(–15gh + 30h) : (–5h) = ______
(36rs – 48s) : 6s = ______
(–25,5fg + 40,5g) : 5g = ______

b) ($16k^2$ – 20kt) : 4k = ______
(18s + 42st) : 6s = ______
(49eg – 21efg) : (–7eg) = ______
(–72tz – 64t) : 8t = ______

K I2 H4 K2 **238** Georg behauptet, der Term $\frac{x}{3} + \frac{x}{4} : 7$ beschreibt folgende Aussage:

„Zum Drittel einer Zahl wird das Viertel einer anderen Zahl addiert, das Ergebnis wird durch sieben dividiert."

Erkläre ihm seinen Fehler und stelle den Term richtig!

H2 **239** Hebe richtig heraus:

a) $12a + 9ab =$ ______

$1{,}4x + 2{,}1xy =$ ______

$3{,}5e^2 + 4{,}2f^2 =$ ______

$1\frac{1}{2}b + 2\frac{1}{2}ab =$ ______

b) $25xy - 35y^2 =$ ______

$56abc - 72ab =$ ______

$28jk - 42k^2 =$ ______

$\frac{1}{4}x^2 - \frac{3}{4}xy^2 =$ ______

H2 **240** Hebe den gemeinsamen Faktor heraus:

a) $15v^2 + 9uv =$ ______

$1{,}8x + 2{,}4xz =$ ______

$3{,}6g^2 + 4{,}8h^2 =$ ______

$\frac{4}{3}b + \frac{7}{3}ab =$ ______

b) $25ab - 35a^2 =$ ______

$66efg - 33fg =$ ______

$54jk - 45k^2 =$ ______

$\frac{1}{7}x^2 - \frac{3}{7}xy =$ ______

Level 2

H2 **241** Berechne den Flächeninhalt folgender Figuren:

a) Quadrat

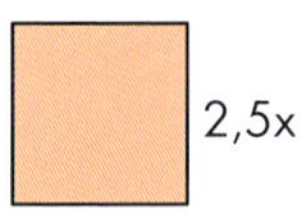

______

b) Rechteck

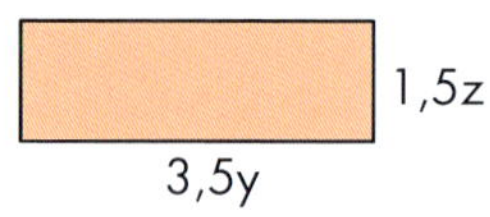

______

H1 **242** Berechne das Volumen folgender Körper:

a) Würfel: $a = 4v$

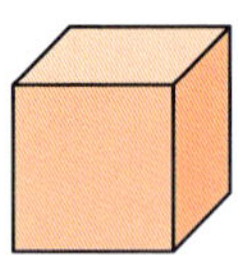

______

b) Quader: $a = 6a$ $b = 4b$ $h = 2{,}5c$

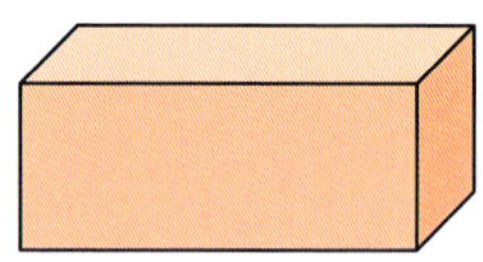

______

H2 **243** Vereinfache so weit wie möglich:

a) $28efg : 7e + 3f \cdot 4g =$

b) $45xy : 9y - 12xy : 3y =$

c) $7x \cdot 3z - 16x^2z : 4x =$

d) $-3y + 4y \cdot (-7) - 12xy : 4x =$

K I2 H4 K2 **244** Korrigiere und erkläre die Fehler:

a) $54x^2 : 9x + 2x \cdot 7y =$

$6x + 14xy = 20x^2y$

b) $7a - 35ab : 7b + 8a \cdot 3b =$

$7a - 5ab + 24ab = 7a + 19ab$

H2 **245** Vereinfache die Terme:

a) $(14x - 8y) \cdot 3 - (8x + 6y) \cdot 4 =$

b) $(3a - 7b) \cdot (-3) - (5a + 2b) \cdot (-4) =$

H2 **246** Vereinfache und mach die Probe für $x = 1$; $y = 2$

$2x\,(3y - 7) + 4y\,(2x + 9) - 12xy =$

H2 **247** Hebe die Klammer heraus:

a) $(-12) \cdot (5g + 7k) - (5g + 7k) \cdot 9 =$

b) $(-9e - 6f) \cdot (-3) + (-5) \cdot (-9e - 6f) =$

H2 **248** Wenn möglich, kürze zuerst:

a) $\frac{28ab}{7a} - \frac{12b^2}{b} =$

b) $\frac{50x^2}{5x} + \frac{30xy}{6y} =$

H1 H3 **249** Berechne den Flächeninhalt der farbig markierten Figur:

a)

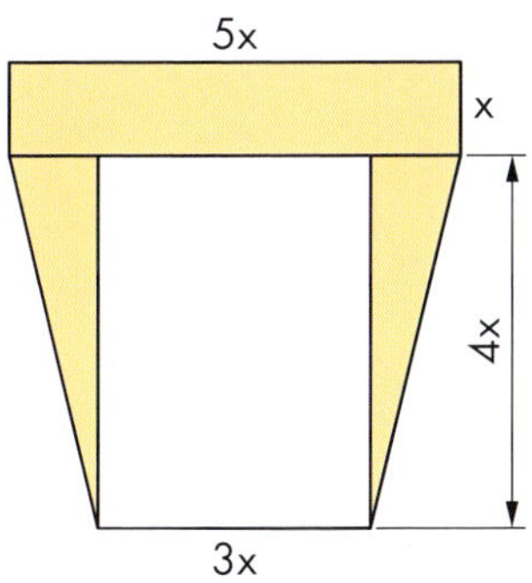

b)

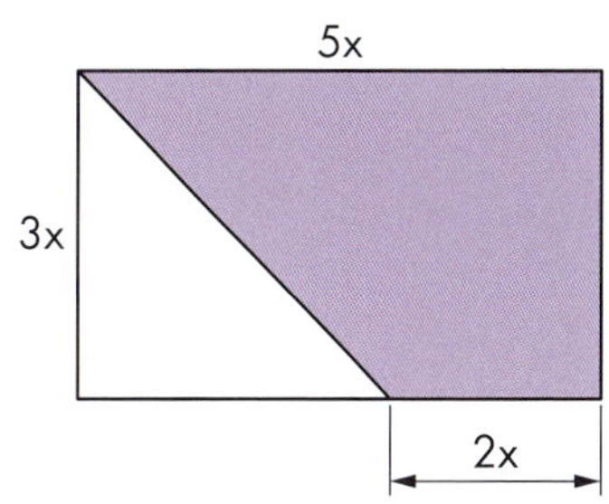

K I2 H3 K1 **250** Kreuze an, ob die Aussage richtig oder falsch ist:

	richtig	falsch
a) Ein Malzeichen zwischen 2 Variablen kann auch weggelassen werden.	☐	☐
b) Für das Rechnen mit Termen gilt Strichrechnung vor Punktrechnung.	☐	☐
c) $f \cdot f \cdot f \cdot g \cdot g \cdot f \cdot g \cdot f = f^3g^3$	☐	☐

H1 **251** Berechne u und A, miss die benötigten Längen:

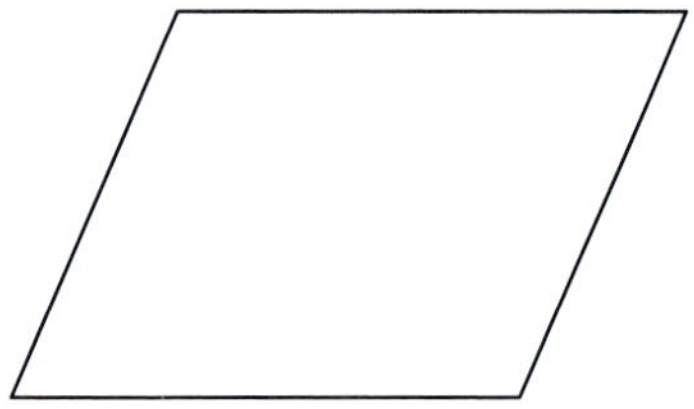

H1 H2 **252** Berechne u und A vom gleichschenkligenTrapez.

a = 8,5 cm
b = d = 5 cm
h = 4 cm
c = 2,5 cm

Level 1

H1 H2 **253** Konstruiere das Parallelogramm, berechne u und A! Miss benötigte Längen:

a) a = 75 mm
b = 42 mm
$\alpha = 65°$

b) a = 55 mm
b = 48 mm
$h_a = 40$ mm

H1 H2 **254** Konstruiere das Trapez, berechne u und A! Miss benötigte Längen:

a) a = 78 mm
c = 56 mm
h = 40 mm
$\beta = 60°$

b) a = 64 mm
h = 35 mm
$\alpha = \beta = 65°$

H1 **255** Zeichne das Trapez und berechne den Flächeninhalt:

A (–6/–4); B (3/–4); C (4/3); D (–2/3)

H1 **256** Berechne den zweiten Winkel im Parallelogramm:

	a)	b)	c)	d)	e)
α	75°		63°		39°
β		112°		88°	

Was bedeutet der Begriff supplementär?

H1 H2 **257** Berechne u und A vom Trapez, miss die benötigten Längen:

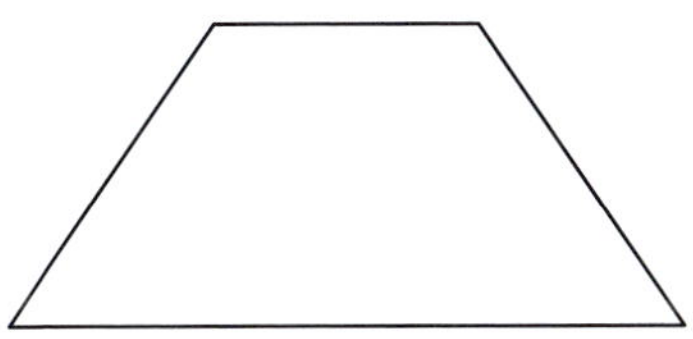

K I3 H1 H2 K1 **258** Zwei parallele Straßen werden durch einen 1,5 m breiten und 85 m langen, schräg verlaufenden Gehweg verbunden. Berechne die Kosten für diesen Gehweg, wenn der Bau von 1 m^2 mit 45 € veranschlagt wird!

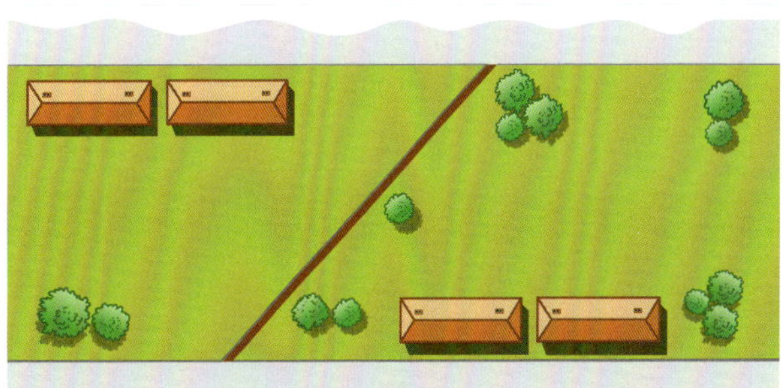

Straße

Kreuze die richtige Lösung an:

☐ a) 573,75 € ☐ b) 3 255 € ☐ c) 5 737,50 €

H2 **259** Ergänze die Tabelle (Parallelogramm):

	a)	b)	c)	d)
a	45 mm	17 m		2,5 km
h_a	67 mm		22 dm	5,7 km
A		578 m^2	792 dm^2	

H1 H2 **260** Ein 35 m^2 großes Pultdach einer Gartenlaube wird mit Platten gedeckt. Berechne die Anzahl der Platten, wenn 20 % für die Überlappungen eingerechnet werden müssen!

Maße einer Platte:

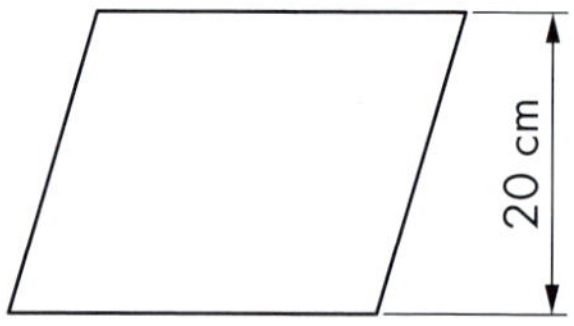

H2 **261** Berechne den Flächeninhalt des Parallelogramms im Kopf:

	a)	b)	c)	d)	e)
a	12 cm	18 dm	24 m	9 cm	8,5 m
h_a	7 cm	6 dm	12 m	16 cm	4 m
A					

K I3 H1 H3 K2 **262** Kreuze richtige Aussagen an:

- ☐ a) Wenn $\alpha = \gamma$, dann kann das Viereck ein Parallelogramm sein.
- ☐ b) Im Parallelogramm gilt: h = c
- ☐ c) Im Parallelogramm sind die Winkel α und δ supplementär.
- ☐ d) Im Parallelogramm gilt: $\alpha + \gamma = 180°$

Ändere die nicht angekreuzten Aussagen in richtige Aussagen ab:

H1 H2 **263** Die Mauer eines Stahlwerks hat die Form eines gleichschenkligen Trapezes.
Die untere Breite der Mauer beträgt 145 m, die Höhe der Mauer 125 m.
Berechne die Breite ganz oben, wenn die Gesamtfläche der Mauer 12 562,5 m^2 beträgt!

H1 **264** Berechne die Größe der Teilflächen I, II, III !

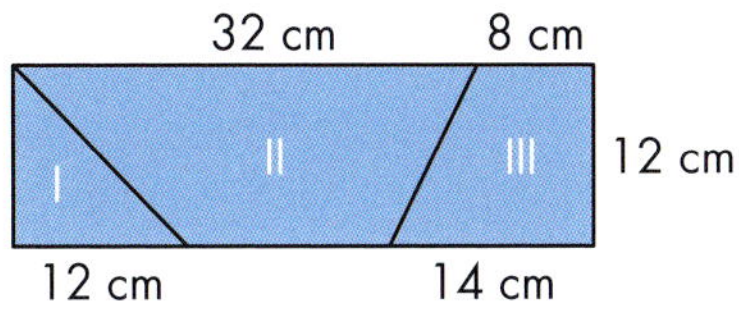

H1 **265** Notiere die Flächeninhaltsformel vom Trapez; berechne durch Umformung die Längen c und h.

H1 H3 **266** Kreuze richtige Aussagen an:

- ☐ a) Wenn $\alpha = \beta$, dann sprechen wir von einem gleichschenkligen Trapez.
- ☐ b) Im gleichschenkligen Trapez gilt: h = c
- ☐ c) Im Trapez sind die Winkel α und δ supplementär.
- ☐ d) Die Winkelsumme im Trapez ist 360°.

K I3 H1 H2 K2 **267** Ein Trapez (a = 5 cm; c = 2,5 cm; h = 4 cm) soll in ein flächengleiches Parallelogramm mit a = 6 cm und β = 60° umgewandelt werden. Berechne die Höhe des Parallelogramms und zeichne die beiden Figuren. Welche Angabe für das Trapez fehlt, damit die Konstruktion eindeutig wird?

Level 1

H2 **268** Multipliziere die Binome:

a) $(x + 2) \cdot (y + 5) =$

b) $(5 - b) \cdot (a + 7) =$

c) $(c + 8) \cdot (5 - d) =$

d) $(e - 4) \cdot (f - 6) =$

H2 **269** Berechne:

a) $(4x + 3) \cdot (5y + 5) =$

b) $(7 - 2b) \cdot (5a + 9) =$

c) $(4c + 8) \cdot (2 - 7d) =$

d) $(5e - 9) \cdot (2f - 8) =$

H2 **270** Achte auf die Variablen:

a) $(3e + 2f) \cdot (4i + 5j) =$

b) $(9 - 2t) \cdot (5s + 8v) =$

c) $(4c - 8d) \cdot (2e - 3f) =$

d) $(2j - 9k) \cdot (3m - 8n) =$

H2 **271** Berechne und fasse zusammen:

a) $(4x + 7) \cdot (5x + 5) =$

b) $(7 - 2b) \cdot (5b + 11) =$

c) $(4c - 3d) \cdot (6d - 7c) =$

d) $(4e - 9f) \cdot (2e - 5f) =$

H2 **272** Berechne und mach die Probe: $a = 2$; $b = 3$

a) $(2a + 4b) \cdot (6a + 5b) =$

b) $(9 - 2a) \cdot (5a + 8b) =$

c) $(4a + 8b) \cdot (6a - 5b) =$

d) $(7a - 9b) \cdot (5a - 8b) =$

K I2 H3 K1 **273** Mit welcher Formel kannst du den Flächeninhalt berechnen? Kreuze richtig an:

a)

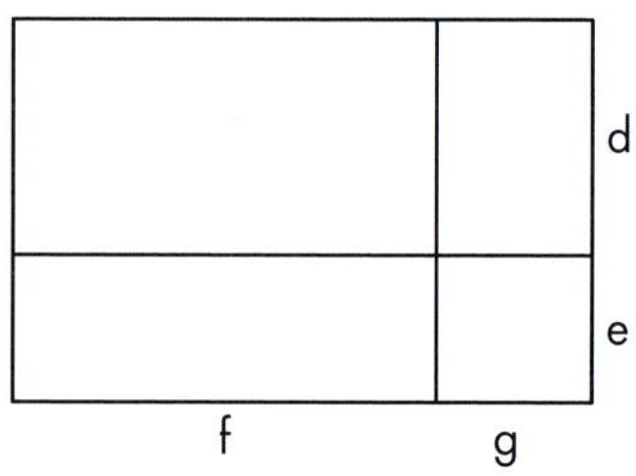

☐ $f + g \cdot d + e$

☐ $(d + e) \cdot (f + g)$

b)

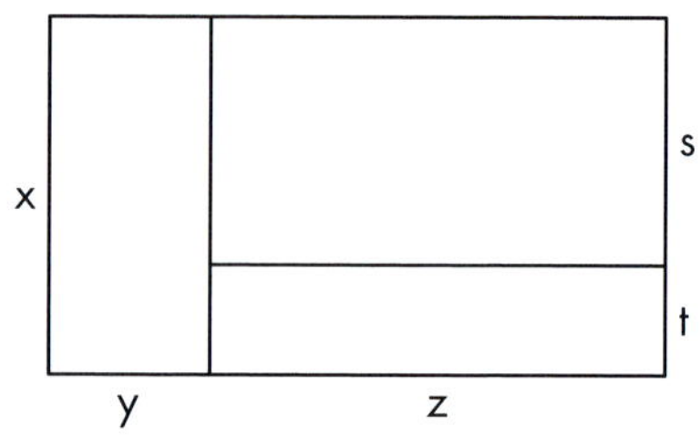

☐ $x \cdot y + z \cdot t + s$

☐ $(s + t) \cdot z + x \cdot y$

H2 **274** Wende die binomischen Formeln an!

a) $(k + 9)^2 =$

b) $(2b - 7)^2 =$

c) $(w - 4v)^2 =$

d) $(6x + 3y)^2 =$

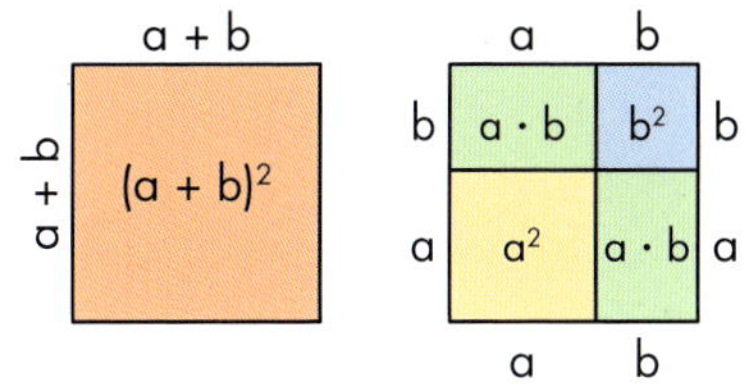

H2 **275** Ergänze die Tabelle:

	$(a \pm b)^2$	a^2	b^2	2ab	$a^2 \pm 2ab + b^2$
zB	$(2x + 3y)^2$	$4x^2$	$9y^2$	12xy	$4x^2 + 12xy + 9y^2$
a)	$(4e - 5f)^2$				
b)	$(8a + 7b)^2$				
c)	$(9x - 6y)^2$				
d)	$(2p + 8q)^2$				

Level 1

H2 **276** Ordne die Terme im Ergebnis nach fallenden Potenzen:

a) $(x^2 + 4) \cdot (x - 7) =$

b) $(3 + t^2) \cdot (4t - t) =$

c) $(5a - 9) \cdot (7a + a^2) =$

d) $(8u^2 + 3u) \cdot (2u - 9) =$

H2 **277** Berechne und ordne im Ergebnis nach fallenden Potenzen:

a) $(3a^2 + 4a + 7) \cdot (6a + 2) =$

b) $(5x^2 - 7x + 2) \cdot (3 - 9x) =$

c) $(m^2 - m - 1) \cdot (8m - 3) =$

d) $(-3b^2 + 5b - 9) \cdot (2b + 1) =$

H2 **278** Führe die Terme jeweils in einen quadratischen Term zurück:

a) $16h^2 - 48hj + 36j^2 =$

b) $144 + 216g + 81g^2 =$

c) $0{,}25a^2 + 1{,}5ab + 2{,}25b^2 =$

d) $49k^2 - 42km + 9m^2 =$

K I2 H3 K1 **279** Verbinde gleichwertige Terme:

$(3v + 7w)^2$ | $(5v - 7w)^2$ | $21v^2 - 35vw$

$25v^2 - 70vw + 49w^2$ | $(-3v + 5w) \cdot (-7v)$ | $35vw - 15w^2$

$(5w) \cdot (7v - 3w)$ | $9v^2 + 42vw + 49w^2$

H1 **280** Ergänze die Lücken:

a) $(3x + \qquad)^2 = \qquad + 24x +$

b) $(\qquad - \qquad)^2 = 49i^2 - 126ij +$

c) $(\frac{1}{2}e + \qquad)^2 = \qquad + \frac{3}{4}ef +$

d) $(\qquad - \qquad)^2 = \frac{4}{25}r^2 - \qquad + \frac{9}{64}s^2$

Level 2

H2 **281** Erfinde selbst Monome und ergänze dann die Tabelle:

	a	b	$(a + b)^2$	$(a - b)^2$
zB	$5x$	$3y$	$25x^2 + 30xy + 9y^2$	$25x^2 - 30xy + 9y^2$
a)				
b)				
c)				
d)				

H2 **282** Berechne und mach die Probe: $x = 3$; $y = 2$

a) $(4x - 5y)^2 =$

b) $(3y + 7)^2 =$

H2 **283** Hier benötigst du die 3. Binomische Formel:

a) $(12a + 8b)\ (12a - 8b) =$

b) $(7g - 9h)\ (7g + 9h) =$

c) $(\frac{1}{4}x + \frac{2}{3}y)\ (\frac{1}{4}x - \frac{2}{3}y) =$

d) $(\frac{2}{5}c + \frac{5}{6}d)\ (\frac{2}{5}c - \frac{5}{6}d) =$

H3 **284** Kreuze das richtige Ergebnis an:

a) $(3x - 4y)^2 =$ ☐ $9x^2 - 12xy + 16y^2$ ☐ $9x^2 - 24xy + 16y^2$

b) $(-8a - 6b)^2 =$ ☐ $64a^2 - 96ab + 36b^2$ ☐ $64a^2 + 96ab + 36b^2$

c) $(5x^2 - 2x)^2 =$ ☐ $25x^4 - 20x^3 + 4x^2$ ☐ $25x^4 - 10x^3 - 4x^2$

d) $81s^2 - 36t^2 =$ ☐ $(9s + 6t)\ (9s - 6t)$ ☐ $(9s - 6t)\ (9s - 6t)$

K **285** Gib die Nummer der richtigen Lösung im Schreibfeld an.

I2 H3 K2

a) $(3x - 4y + 2z) \cdot (-5) =$

b) $(7y - 4z)^2 =$

c) $(8x + 3y)\ (8x - 3y) =$

d) $(4x + 8y) \cdot (7x - 3y) =$

e) $(-3x) \cdot (4y + 5 - 7z) =$

f) $(6x + 7y)^2 \cdot (-2) =$

(1) $49y^2 - 56yz + 16z^2$

(2) $28x^2 + 44xy - 24y^2$

(3) $-72x^2 - 168xy - 98y^2$

(4) $-15x + 20y - 10z$

(5) $-15x - 12xy + 21xz$

(6) $64x^2 - 9y^2$

H2 **286** Berechne:

a) $(2x^2 + 7x)^2 =$

b) $(y^2 - 6z)^2 =$

c) $(5a^2 + 4b^3)^2 =$

d) $(9c - 8d^2)^2 =$

H1 **287** Berechne Umfang und Flächeninhalt folgender Figuren:

a)

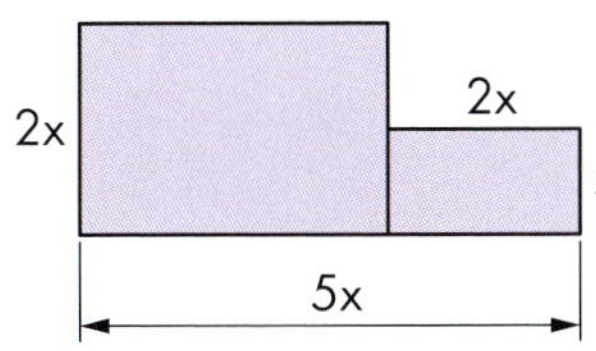

b)

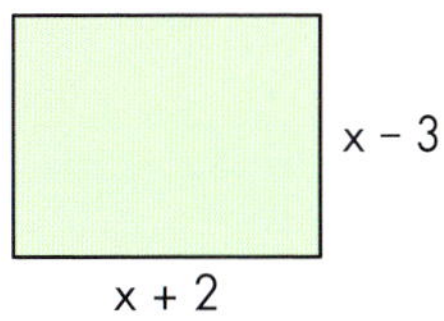

H2 **288** Beachte alle Rechengesetze:

a) $4a^2b - a[a + (2b - a)^2] - 5a^2b + a^3 =$

b) $5x^2y + x(x - y)^2 - xy^2 + 4(x + y)^2 =$

H1 **289** Schreib als Term und vereinfache, wenn möglich:

a) Subtrahiere vom Dreifachen einer Zahl die um 5 kleinere Zahl.

b) Multipliziere die Differenz von 2x und 5y mit der Summe der beiden Zahlen.

c) Addiere zur Summe von 7y und 9b die Differenz von 3y und 5b.

d) Multipliziere den Vorgänger mit dem Nachfolger einer Zahl.

K I2 H3 K2 **290** Entscheide, ob Katrin richtig gerechnet hat, und korrigiere die Fehler:

	richtig	falsch
a) $(\frac{1}{3}b - \frac{2}{5}c)^2 = \frac{1}{9}b^2 - \frac{2}{15}bc + \frac{4}{25}c^2$	☐	☐
b) $(6g - 1{,}5h)^2 = 36g^2 - 18gh + 2{,}25$	☐	☐
c) $(0{,}7e + 0{,}2f)^2 = 0{,}49e^2 + 0{,}28ef + 0{,}04f^2$	☐	☐
d) $(\frac{3}{7}a + \frac{5}{6}b)(\frac{3}{7}a - \frac{5}{6}b) = \frac{21}{49}a^2 + \frac{25}{36}b^2$	☐	☐

Level 3

H1 **291** Zeichne freihändig das unten gegebene Muster in den Raster daneben ein.

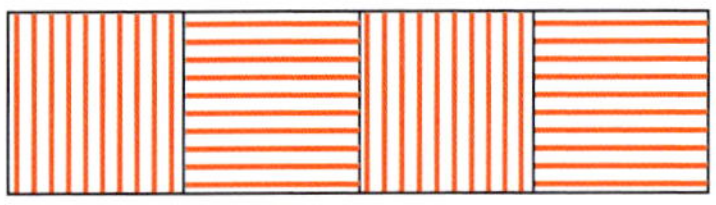

H1 **292** Zeichne freihändig das unten gegebene Muster in den Raster daneben ein.

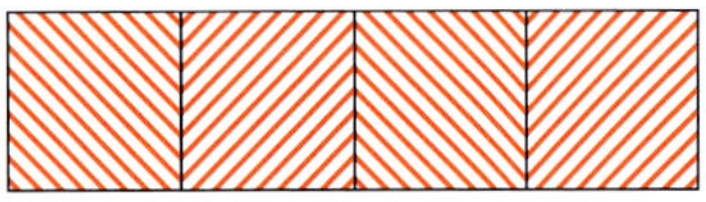

H1 H2 **293** a) Gib die Koordinaten der beiden Körper 1 und 2 an!

Körper 1:

A (/ /) D (/ /)

B (/ /) E (/ /)

C (/ /) F (/ /)

Körper 2:

A (/ /) E (/ /)

B (/ /) F (/ /)

C (/ /) G (/ /)

D (/ /) H (/ /)

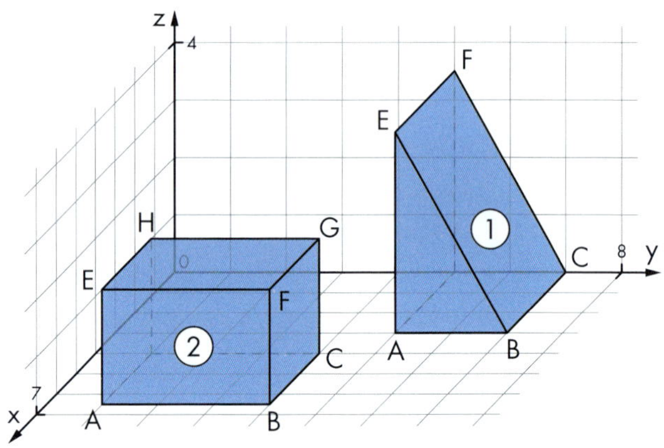

b) Welche Abmessungen hat der Körper 2?

Länge: Breite: Höhe:

K I3 H1 K1 **294** Immer zwei Würfelschlangen sind kongruent, d.h. sie haben dieselbe Form.

a) Finde jeweils die Paare und gib sie an.

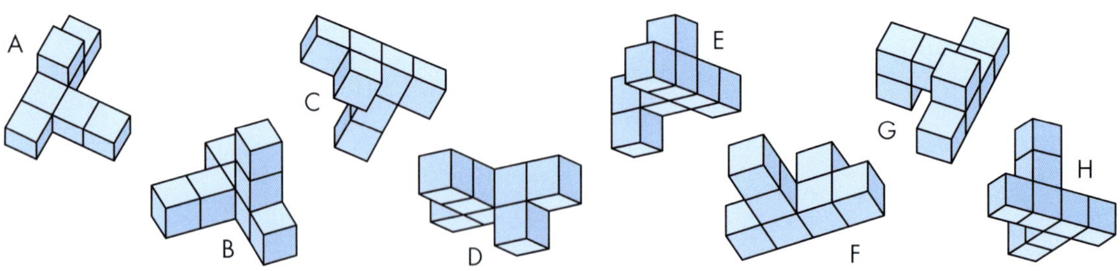

und und und und

b) Baue diese Würfelschlangen mit Steckwürfeln nach und lass sie durch einen Partner kontrollieren.

H3 K3 c) Wie viele Würfel fehlen auf den kleinsten möglichen Quader bei der Würfelschlange A bzw. G? Kreuze an:

A: ☐ 5 ☐ 6 ☐ 12 ☐ 17 ☐ 24 ☐ 31

G: ☐ 6 ☐ 12 ☐ 18 ☐ 24 ☐ 28 ☐ 36

H2 **295** Zeichne freihändig, aber so genau wie möglich, von den gegebenen Körpern jeweils die Ansicht von oben (Grundriss) und die Ansicht von vorne (Aufriss).

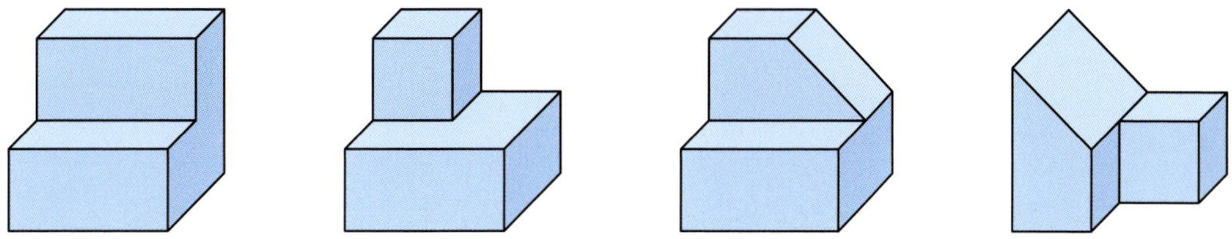

A

G

Level 1

K I3 H2 K1 **296** Die gegebenen Körper sind Teile eines vollen Würfels mit einer Kantenlänge von 4 cm.
Zeichne jeweils den exakten Grund- und Aufriss, sowie den Kreuzriss von rechts.
Die Längen können nur 1 cm, 2 cm, 3 cm oder 4 cm betragen.

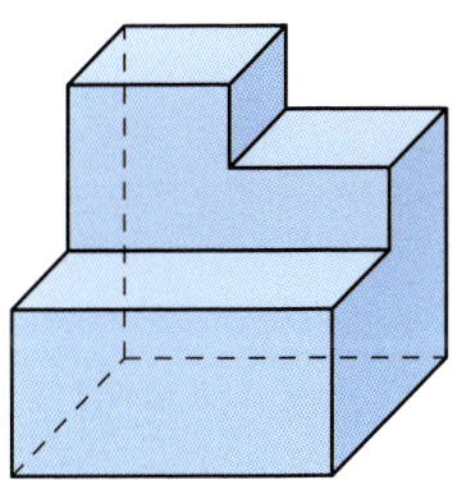

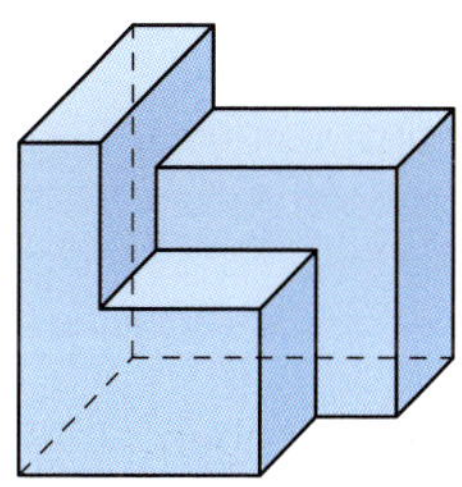

H2 **297** Vervollständige die Linienzüge in der entsprechenden Form und Stärke!

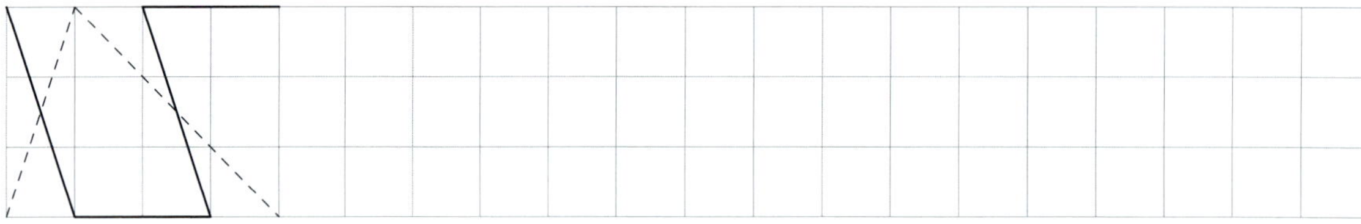

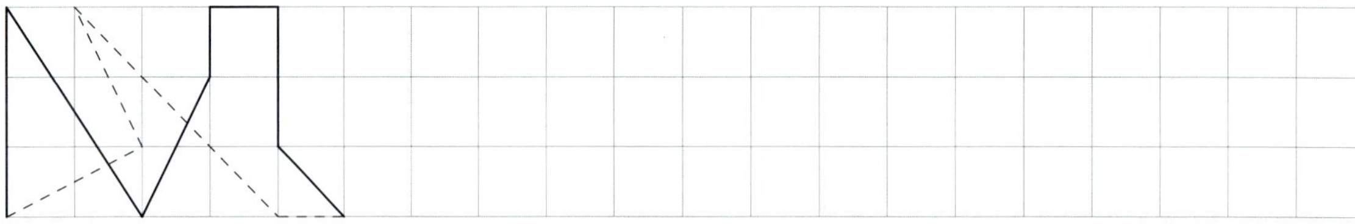

H1 H2 **298** Aus einem Würfel mit der Kantenlänge 80 sind Teile herausgeschnitten.

a) Gib die Koordinaten der eingezeichneten Punkte an:

A (/ /) B (/ /) C (/ /)

D (/ /) E (/ /)

b) Zeichne die Punkte mit folgenden Koordinaten auf dem Körper ein:

F (0/50/60) G (60/80/0) H (50/0/80)

J (60/40/0) K (40/50/80)

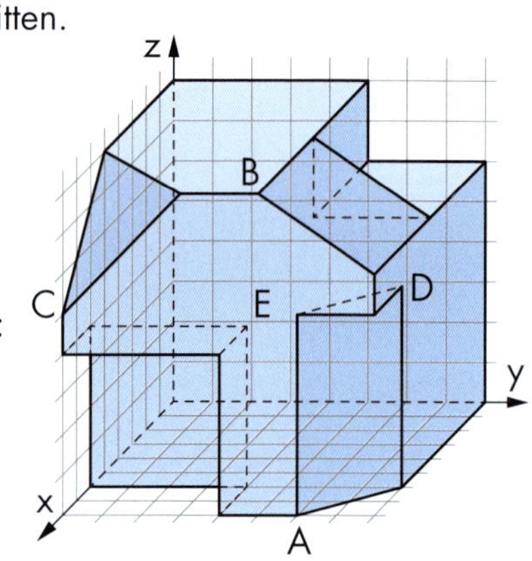

K I3 H1 H3 K3 **299** Ordne den Grundrissen den richtigen Aufriss zu.
Schreib dazu den Buchstaben (A, B, C oder D) des entsprechenden Aufrisses in den Grundriss hinein.

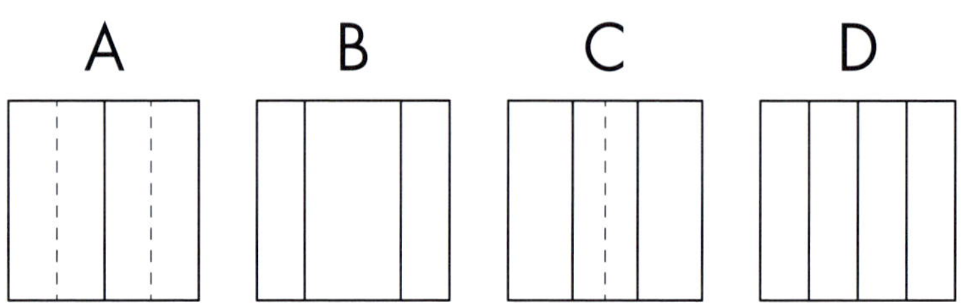

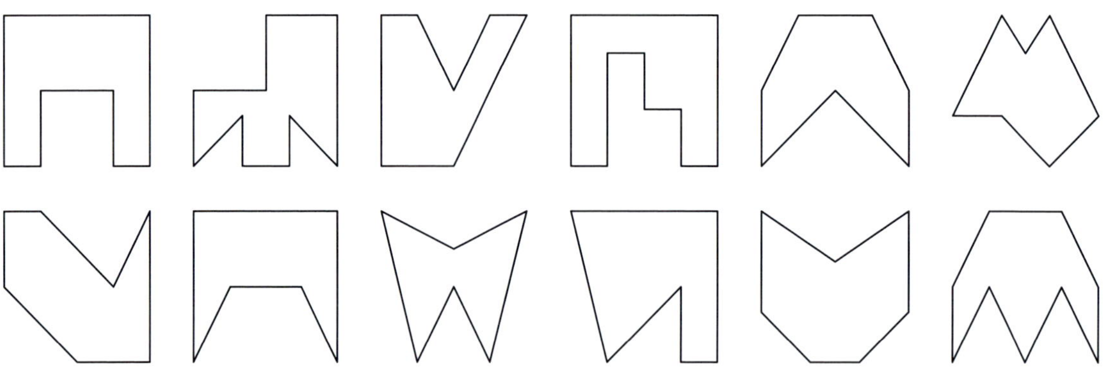

H2 **300** Die gegebenen Körper sind aus 1 cm³-Würfeln zusammengesetzt. Wähle selbst zwei Körper aus und zeichne jeweils den Grund-, Auf- und Kreuzriss von rechts. Beachte, dass es einige unsichtbare Kanten gibt.

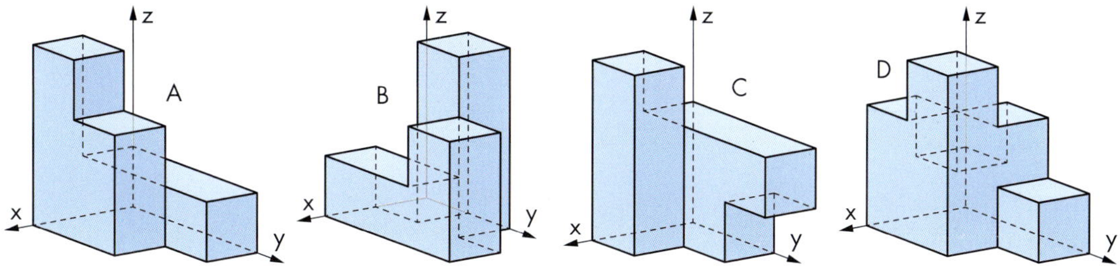

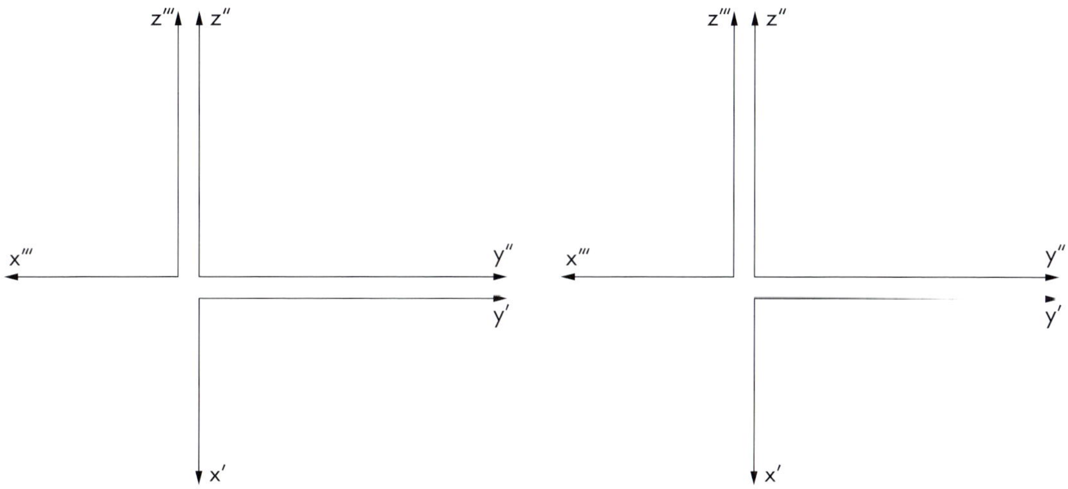

K **301** Der Grund- und Aufriss des Körpers wurde falsch gezeichnet. Stelle richtig:

I3 H2 H3 K3

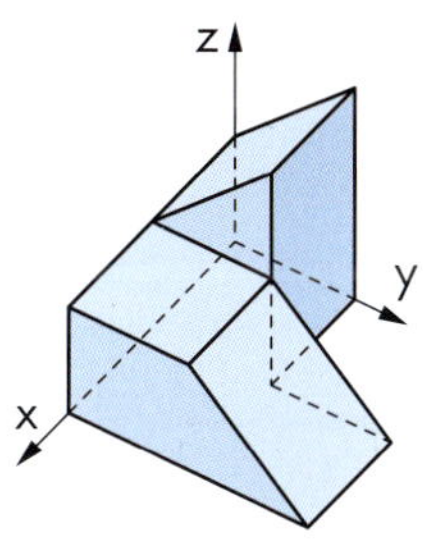

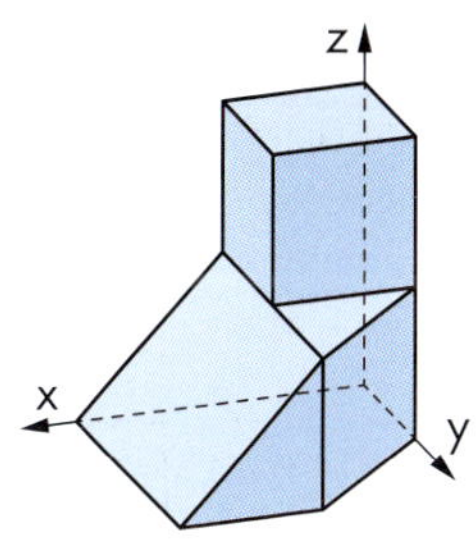

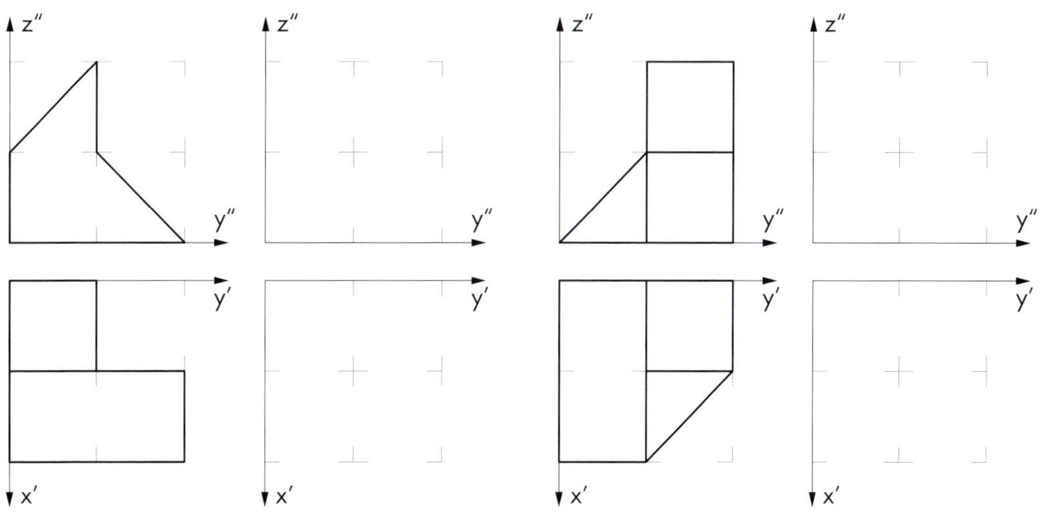

H1 H2 **302** Kippe den linken Würfel viermal nach rechts und zeichne jeweils die Dreiecke mit der entsprechenden Farbe ein.

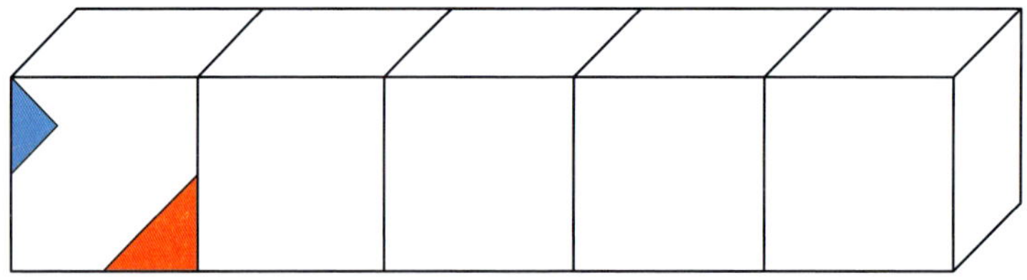

H1 H2 H3 **303** Der Grundriss eines Prismas oder einer Pyramide ist gegeben.

a) Entscheide, um welchen Körper es sich handelt.

b) Ziehe zuerst die Hilfslinien und zeichne anschließend die Kanten. Beachte, welche sichtbar bzw. unsichtbar sind!

c) Wähle eine sichtbare Fläche und färbe diese im Grund- und Aufriss.

zB

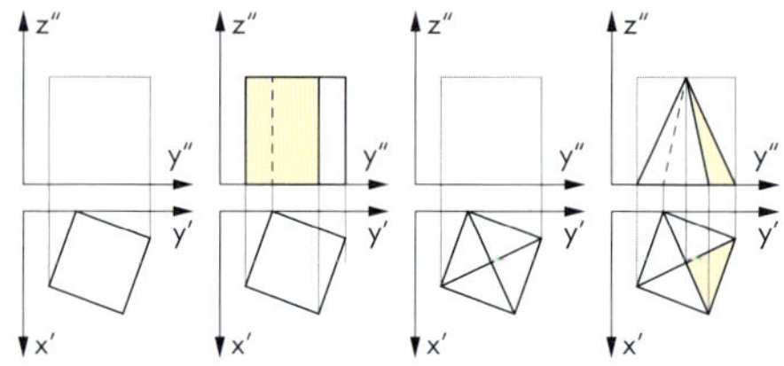

quadratisches Prisma

quadratische Pyramide

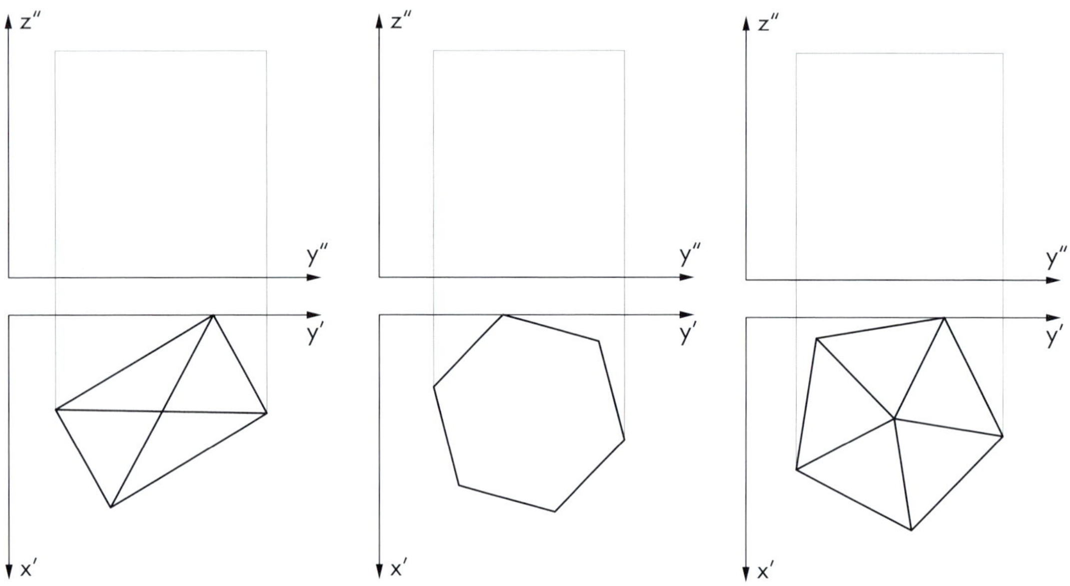

H1 H2 **304** a) Zeichne mit Freihand, aber möglichst genau, den Grund- und den Aufriss sowie den Kreuzriss von rechts.

1)

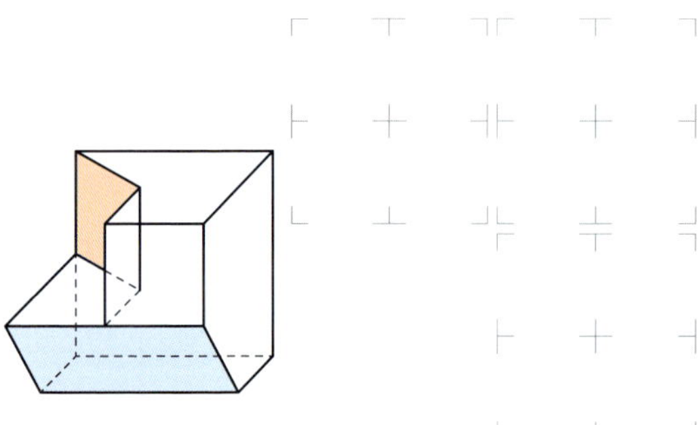

2)

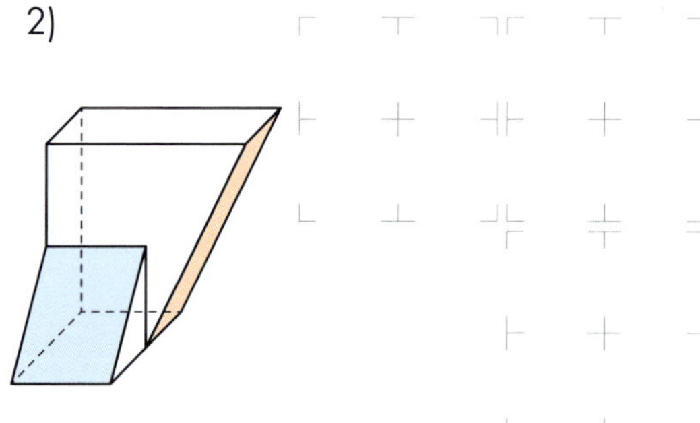

b) Färbe im Grund-, Auf- und Kreuzriss die schrägen Flächen, sofern sie sichtbar sind.

Level 3

K **305** a) Welcher Aufriss passt zu den gegebenen Grundrissen? Ordne zu, indem du den entsprechenden Buchstaben beim Aufriss einträgst. Beratet euch zu zweit oder zu dritt. Begründet auch, warum dies so sein muss.

I3 H1 H3 H4 K3

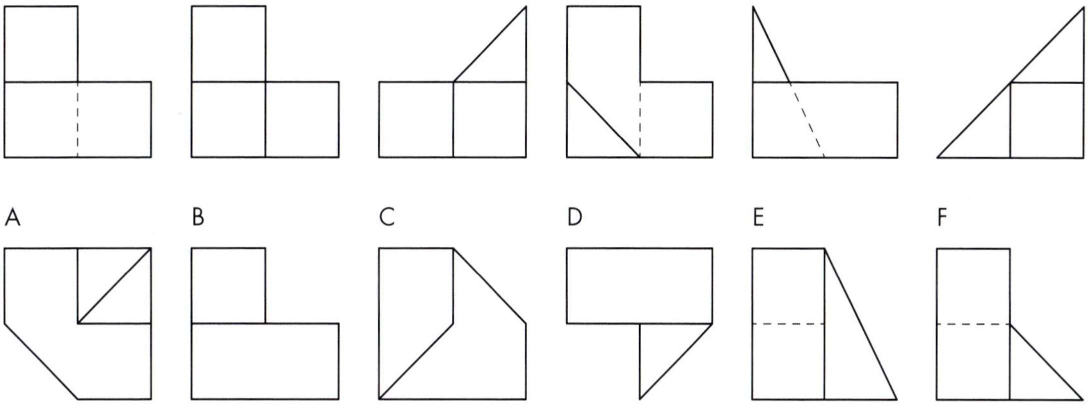

I3 H1 H3 K2

b) Bestimme, welcher Körper zu den oben gezeichneten Grund- und Aufrissen gehört. Schreib dazu den richtigen Buchstaben in das Feld.

(1)

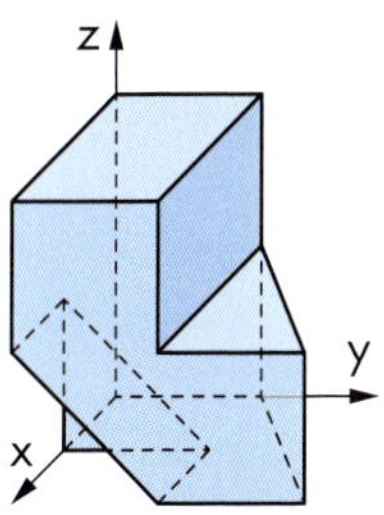

(2)

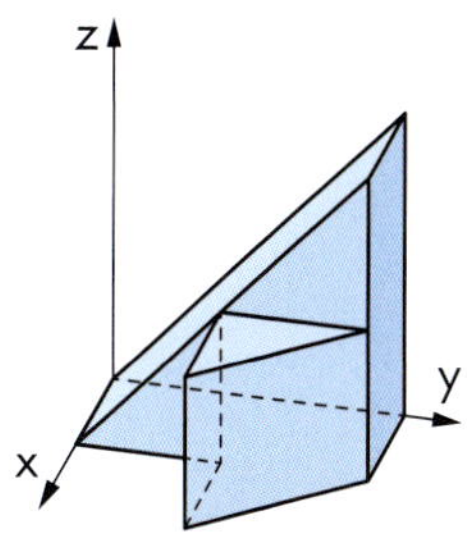

(3)

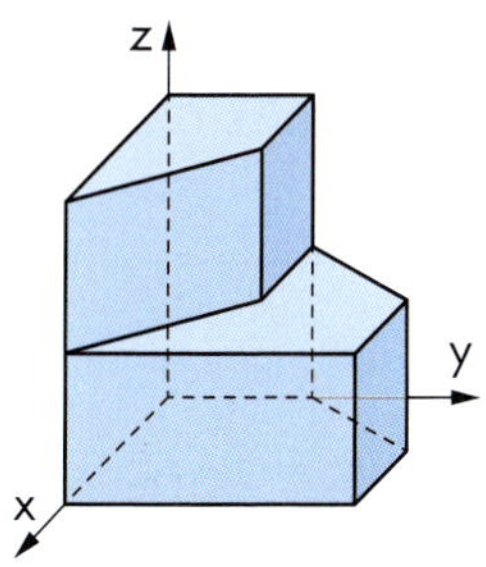

(4)

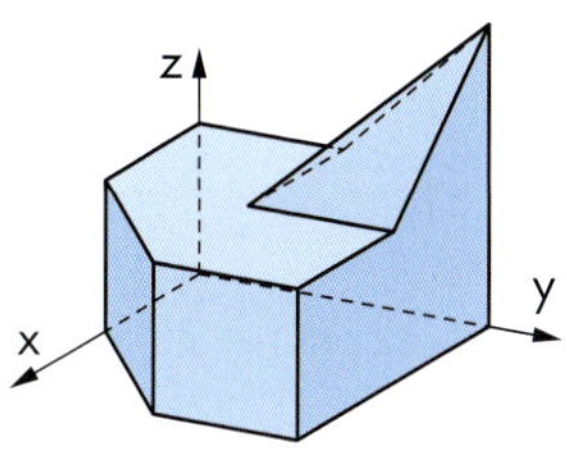

(5)

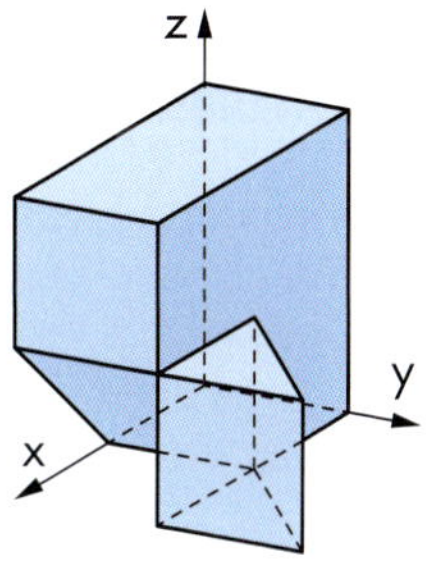

(6)

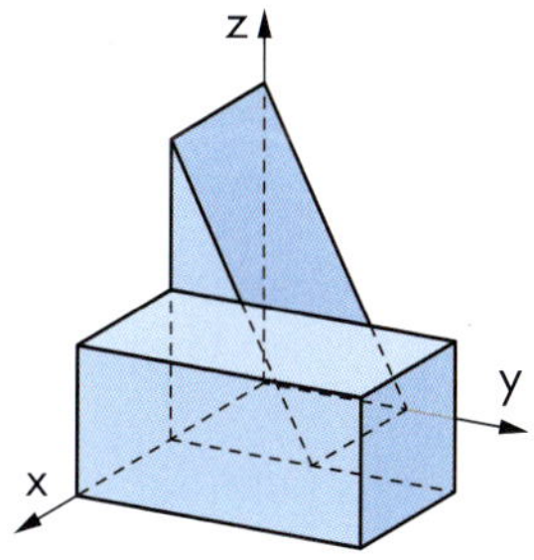

I3 H1 K2

c) Baut mit Steckelementen (zB mit fischergeometric-Baukästen) die abgebildeten Körper nach und kontrolliert eure Körper gegenseitig.

I3 H2 K2

d) Zeichne von jedem Körper den Kreuzriss von rechts.

A B C D E F

Level 3

H1 **306** Schreib als mathematischen Term:

a) Das Dreifache einer Zahl wird um 15 vermehrt.

b) Multipliziere die Summe von x und y mit z.

c) Dividiere b durch das Drittel der Zahl 93.

d) Vermindere die Zahl 84 um das Produkt von g und h.

H2 **307** Löse die Gleichungen:

a) $x - 7 = 27$ x = ____

b) $h : 8 = 23$ h = ____

c) $g + 17 = 72$ g = ____

d) $k \cdot 7 - 8 = 41$ k = ____

e) $y : 5 + 13 = 46$ y = ____

f) $(z + 8) : 12 = 4$ z = ____

H2 **308** Löse die Ungleichungen und gibt die Lösungsmenge in $\mathbb{N}$ an:

a) $a - 7 < 2$

b) $b : 3 > 4$

c) $c + 8 < 13$

H2 **309** Löse die Gleichungen:

a) $\frac{x}{5} + 7 = 25$

b) $\frac{a}{8} - 9 = 5$

c) $\frac{c}{3} + 17 = 31$

H3 **310** Ordne den mathematischen Term der richtigen Aussage zu:

a) Das Doppelte von x wird um 15 vermindert.	(1) $15 \cdot 2 - x$
b) 15 wird um das Doppelte von x vermindert.	(2) $x \cdot 2 - 15$
c) Vermindere das Doppelte von 15 um x.	(3) $15 - 2 \cdot x$
d) x wird um das Doppelte von 15 vermindert.	(4) $x - 15 \cdot 2$

H2 **311** Löse die Gleichung ($G = \mathbb{Z}$)! Mach auch die Probe:

a) $4 \cdot x - 2{,}5 = 5{,}5$

b) $7{,}3 = -4{,}7 + 3x$

K I2 H2 K1 **312** Löse die Gleichung ($G = \mathbb{Q}$)! Denk auch an die Probe:

a) $3 \cdot x - 0{,}8 = 1{,}9$

b) $3{,}25 + 4 \cdot x = -3{,}75$

H2 **313** Achte beim Lösen der Gleichungen auf die Klammer!

a) $2(3x + 5) = 28$

b) $7(4x - 9) = 77$

H3 **314** Welche Gleichung passt zum Text?

Wenn das Drittel einer gedachten Zahl um 7 vermindert wird, erhält man das Doppelte der Zahl.

☐ a) $\frac{a}{3} + 7 = 2a$

☐ b) $7 - \frac{a}{3} = 2a$

☐ c) $\frac{a}{3} - 7 = 2a$

H1 **315** Das Drittel und das Viertel einer Zahl ergeben als Summe 70. Wie lautet die Zahl?

H3 **316** Elenas Vater ist 42 Jahre alt. Er ist um 29 Jahre älter als Elena. Ihre Mutter ist 3-mal so alt wie Elena. Welche Aussagen sind richtig? Kreuze diese an:

☐ a) Elena ist 14 Jahre alt.
☐ b) Elenas Mutter ist 39 Jahre alt.
☐ c) Elena ist 13 Jahre alt.
☐ d) Elenas Mutter ist 3 Jahre jünger als ihr Vater.

H1 **317** Wird vom Neunfachen einer gedachten Zahl 25 abgezogen, so erhält man das Vierfache der gedachten Zahl. Wie lautet diese?

H1 **318** Durch welche Zahl muss man 19,25 dividieren, um 7,7 zu erhalten?

K **319** Mit welcher Zahl muss man 5x multiplizieren, um x zu erhalten?

I2
H1
K2

Besprich dich mit deiner Sitznachbarin/ deinem Sitznachbarn.

Es stellt sich die Frage, womit man 5 multiplizieren muss, um 1 zu erhalten.

H1 **320** Schreib als mathematischen Term:

a) Die Summe aus dem Drittel und Viertel einer Zahl wird um das Produkt der Zahlen vermindert.

b) Die um a verminderte Zahl b wird mit sich selbst multipliziert.

c) Die Differenz von 72 und 37 wird verdoppelt.

d) Bilde den Quotient vom Nachfolger und vom Vorgänger einer Zahl.

Level 2

H2 **321** Löse die Gleichung:

a) $\frac{x + 4}{7} = 5$ b) $\frac{3 \cdot x - 6}{7} = 3$

H2 **322** Löse die Gleichung ($G = \mathbb{N}$)! Vergiss nicht auf die Probe:

a) $(x + 3) \cdot (x - 3) = (x - 3)^2$ b) $(x + 5)^2 = x^2 + 135$

H3 **323** Kreuze an, ob die Aussage richtig oder falsch ist:

	richtig	falsch
a) Die Lösung einer Gleichung muss ein Element der Grundmenge sein.	☐	☐
b) Wenn ich eine Gleichung mit (–1) multipliziere, ändern sich auf der rechten Seite der Gleichung alle Vorzeichen.	☐	☐
c) Wenn eine Gleichung ausschließlich aus natürlichen Zahlen und einer Variablen besteht, gibt es immer eine Lösung.	☐	☐

H4 **324** Finde den Fehler in folgenden gelösten Gleichungen:

a)
$$x \cdot 3 - 18 = 24 \quad | +18$$
$$x \cdot 3 = 6 \quad | :3$$
$$\underline{x = 2}$$

b)
$$\frac{x}{5} + 23 = 30 \quad | \cdot 5$$
$$x + 115 = 150 \quad | -115$$
$$\underline{x = 25}$$

Besprich deine Überlegungen mit deiner Sitznachbarin/deinem Sitznachbarn.

K **325** I2 H1 H3 K1

Suche die passende Gleichung zum Text:

a) Dividiere eine Zahl durch 5, addiere anschließend 9 und du erhältst 24.
b) Bilde den Quotienten von x und 5, subtrahiere 24 und du erhältst 9.
c) Dividiere 9 durch eine Zahl und addiere 5, du erhältst 24.
d) Dividiere 24 durch eine Zahl, subtrahiere 9 und du erhältst 5.
e) Addiere den Quotienten von x und 5 zu 24 und du erhältst 9.

(1) $24 + x : 5 = 9$
(2) $x : 5 + 9 = 24$
(3) $24 : x - 9 = 5$
(4) $x : 5 - 24 = 9$
(5) $9 : x + 5 = 24$

H1 **326** Sandra sagt: „Meine Oma ist doppelt so alt wie meine Mama, und meine Mama ist fünfmal so alt wie ich. Zusammen sind wir 80 Jahre alt."
Wie alt sind Oma, Mutter und Enkelin?

		Alter
Ich	x	
Mama		
Oma		

ingimage.com

H4 **327** Warum ist die Lösung in jedem Fall negativ, wenn du vom Viertel einer gedachten natürlichen Zahl das Drittel der gedachten Zahl subtrahierst?

Besprich deine Überlegungen mit deiner Sitznachbarin/deinem Sitznachbarn.

H2 **328** Ist die Gleichung lösbar?

a) $3x - 5 = x - 4 + 2x$

b) $x(5 - x) = 5x - x^2$

c) $2x + 8 = (x - 4) \cdot 2$

d) $3x + 4 = x - 4$

zB

$$5x + 13 = 2x - (8 - 3x)$$
$$5x + 13 = 2x - 8 + 3x$$
$$5x + 13 = 5x - 8 \qquad |-5x$$
$$13 = -8$$

Widerspruch, daher: nicht lösbar

a)

b)

c)

d)

K I2 H1 K2 **329** Von drei Zahlen ist die zweite Zahl halb so groß wie die erste, die dritte Zahl ist um 35 größer als die zweite. Die Summe der Zahlen ist 403. Wie lauten die drei Zahlen?
Erstelle zunächst eine Tabelle und daraus eine Gleichung!

1. Zahl	2. Zahl	3. Zahl	Summe

H2 **330** Berechne den Prozentanteil A und schreib die Rechnung an:

a) 35 % von 270 b) 27 % von 680 c) 85 % von 1 350

H2 **331** Berechne den Grundwert G, achte auf die Einheit:

a) 28 % sind 56 dag b) 45 % sind 1 710 m c) 98 % sind 5,096 t

H2 **332** Ergänze die Tabelle:

Grundwert	10 %	5 %	15 %	25 %
96 €				
244 kg				
550 m				
2,4 km				

Level 1

H1 **333** Ein Elektrohändler kauft eine Waschmaschine um 249 € netto. Er addiert einen Gewinn von 30 % und dann 20 % Umsatzsteuer. In einer Aktion verkauft er einige Monate später die Maschine zum halben Preis. Bleibt ihm nun noch ein Gewinn?

H1 **334** Peter verkauft sein Auto, das er um 16 500 € gekauft hat, nach einem Jahr um 14 500 €. Wie groß ist sein Verlust in Prozent?

H2 H3 **335** Ordne richtig zu:

a) G = 1 780 € p = 15 % A = € (1) 750

b) A = 450 € p = 30 % G = € (2) 19

c) p = 45 % A = 337,50 € G = € (3) 267

d) G = 2 400 € A = 456 € p = % (4) 1 500

K I1 H1 K1 **336** Wie heißen die drei wichtigen Begriffe der Prozentrechnung? Notiere jeweils die Formel zur Berechnung:

________________ Formel:

________________ Formel:

________________ Formel:

H2 **337** Berechne die Zinsen für ein Jahr. Die KESt musst du nicht berücksichtigen.

a) K = 25 000 €
p = 1,375 %

b) K = 280 €
p = 0,25 %

c) K = 1 200 €
p = $\frac{3}{8}$ %

H2 **338** Berechne die Zinsen (die KESt musst du nicht berücksichtigen):

a) K = 2 500 €
p = 2,25 %
t = 8 m

b) K = 5 000 €
p = 1,375 %
t = 225 d

c) K = 14 500 €
p = 4,125 %
t = 4 m 16 d

H2 **339** Berechne die Zinsen für ein Jahr und ergänze die Tabelle (die KESt ist bereits enthalten):

Kapital	1,5 %	0,5 %	0,875 %	2,2 %
350 €				
1 750 €				
8 500 €				
12 000 €				

H1 **340** Für die Renovierung ihres Hauses benötigt Frau Frühauf einen Kredit von 40 000 €. Der Zinssatz beträgt 4,5 %. Wie hoch sind ihre Schulden nach einem Jahr, wenn sie ab diesem Zeitpunkt mit den Rückzahlungen beginnt?

H1 **341** Vergleiche die beiden Angebote:
Bankhaus Frohsinn: 2,25 % abzüglich KESt
Bankhaus Schlaufuchs: 1,75 % effektiv
Kapital: 5 500 €
Über welches Guthaben kannst du nach einem Jahr verfügen?

K I1 H1 K1 **342** Wie heißen die drei wichtigen Begriffe der Zinsenrechnung? Notiere jeweils die Formel zur Berechnung:

________________ Formel:

________________ Formel:

________________ Formel:

H2 **343** Berechne den Prozentsatz p: Wie viel % sind …

a) 240 € von 4 800 € %

b) 36 kg von 240 kg %

c) 16 m von 320 m %

d) 58 € von 725 € %

H2 **344** Berechne den Anteil beziehungsweise den Grundwert!

a) 82 % von 42 500 €

b) 4 170 € sind 72 %

H1 **345** „Die Zahl der Schüler mit nichtdeutscher Muttersprache an den österreichischen Schulen ist im vergangenen Schuljahr auf 218 596 gestiegen. Das entspricht einem Zuwachs von rund 7 800 gegenüber dem Jahr davor." „Ebenfalls angestiegen ist die Zahl der ausländischen Schüler, und zwar um rund 2 000 auf 115 600 – dieser Zuwachs geht vor allem auf das Konto der Deutschen." (Mehr Schüler, die zuhause nicht deutsch sprechen. In: http://diepresse.com, 28.8.2013)

Berechne jeweils die Zunahme in Prozent!

H1 **346** In einem Geschäft wird mit der Aktion 2 + 1 gratis geworben.
Wie viel % niedriger ist der Einzelpreis beim Kauf von …

a) … 3 Packungen Toilettpapier? Einzelpreis 3,99 €
b) … 3 Tiefkühlpizzen? Einzelpreis 2,79 €
c) … 3 Flaschen Reinigungsmittel? Einzelpreis 5,29 €

K I1 H3 K2 **347** Wie kann man 0,027 noch anschreiben? Kreuze die richtigen Möglichkeiten an:

☐ a) 2,7 % ☐ b) 0,27 % ☐ c) 2,7 ‰ ☐ d) 27 ‰ ☐ e) $\frac{27}{1000}$

H1 **348** Berechne das Guthaben zu Jahresende, wenn du zu Jahresbeginn 2 800 € zu einem Zinssatz von 1,875 % anlegst. Vergiss nicht auf die KESt.

H2 **349** Berechne das Guthaben nach einem Jahr (KESt berücksichtigen):

a) K = 290 €
p = 1,75 %

b) K = 460 €
p = 3 %

c) K = 1 350 €
p = 2,875 %

H2 **350** Berechne das Guthaben nach einem Jahr:

Kapital	1 800 €	4 000 €	15 000 €	68 000 €
Zinssatz	0,15 %	0,75 %	1,325 %	2,4 %
Zinsen				
KESt				
Guthaben				

H1 **351** Aufgrund der Leitzinssenkung wird der Zinssatz von 1,5 % auf 1,25 % gesenkt.
Wie hoch ist das Kapital, wenn der Zinsertrag für ein Jahr dadurch um 85 € sinkt?
(Die KESt musst du nicht berücksichtigen.)

H1 **352** Der Zinssatz wird für Spareinlagen um 0,2 % angehoben.
Wie hoch ist das Kapital, wenn Johanna nun 35 € mehr Zinsen erhält?
(Die KESt musst du nicht berücksichtigen.)

Fotolia.com/fotomek

K I1 H1 H2 K2 **353** Ifeta möchte das Erbe ihrer Großmutter 4 Jahre lang anlegen und entscheidet sich für ein Sparbuch mit einem garantierten Zinssatz in der Höhe von 2,25 % vor KESt. Berechne ihr Guthaben nach Ablauf der 4 Jahre mithilfe einer Tabelle:

	Kapital	Zinsen p_{eff} =	Guthaben
1. Jahr	7 500 €		
2. Jahr			
3. Jahr			
4. Jahr			

Level 3

H1 **354** Geburtenstatistik Österreich (Daten nach: Statistik Austria):

	1995	2000	2005	2010	2012
männlich	45 419	40 132	39 878	40 331	40 822
weiblich	43 250	38 136	38 312	38 411	38 130
gesamt					

a) Berechne die prozentuelle Veränderung in der Gesamtzahl von 1995 auf 2012.
b) Berechne die absolute Veränderung der Mädchengeburten von 2000 auf 2012.
c) Berechne die prozentuelle Veränderung der Knabengeburten von 2000 auf 2010.

H3 **355** Eine Ware kostet x Euro. Dazu kommt die Mehrwertsteuer von 20 %. Aufgrund einer Sortimentsbereinigung wird ein Rabatt von 25 % gewährt, außerdem darf man bei Barzahlung auch noch ein Skonto in der Höhe von 2 % abziehen.
Wie viel kostet die Ware? Welche beiden Rechenwege führen zum richtigen Ergebnis?

- ☐ a) $x \cdot 1,20 \cdot 0,75 \cdot 0,98$
- ☐ b) $x \cdot 1,20 \cdot 0,75 \cdot 1,02$
- ☐ c) $x \cdot 0,75 \cdot 1,25 \cdot 0,02$
- ☐ d) $x \cdot 0,75 \cdot 0,98 \cdot 1,20$

H3 **356** Bei der Einführung des Euro zahlte man für 1 Liter Superbenzin 0,699 €.
Im August 2013 betrug der Literpreis für Superbenzin 1,44 €.
Berechne die prozentuelle Steigerung!

Die Steigerung beträgt ☐ a) 106 % ☐ b) 102 % ☐ c) 115 %

H1 **357** a) Der Einzelpreis einer Ware beträgt 4,29 €. Nimmt man eine Doppelpackung, so kostet diese 6,99 €. Um wie viel Prozent ist der Stückpreis niedriger?

b) Der Einzelpreis einer Ware beträgt 2,59 €. Stefanie entscheidet sich für die Dreierpackung, diese kostet 6,79 €. Wie viel Prozent kann sie pro Stück sparen?

K II H3 K2 **358** Um wie viel Prozent muss eine Zahl vergrößert werden, damit sie den 5-fachen Wert annimmt?

☐ a) 500 % ☐ b) 400 % ☐ c) 250 % ☐ d) 600 %

H2 **359** Berechne das Guthaben: $p = 1{,}25\ \%$

	Kapital	Kontobewegung	Zinsen p_{eff} =	Guthaben
3 Monate	4 500 €			
		+ 1 200 €		
2 Monate				
		– 3 800 €		
7 Monate				
		+ 2 500 €		
6 Monate				

K I1 H1 H4 K3 **360** Kevin behauptet, er hätte den gleichen Zinsertrag, wenn er ein Kapital zu einem Zinssatz von 3 % ein halbes Jahr oder das gleiche Kapital ein Jahr lang zu einem Zinssatz von 1,5 % anlegt. Rechne nach und begründe das Ergebnis.

Level 3

H2 **361** Berechne mit der Zinseszinsformel das Endkapital nach Ablauf von 15 Jahren für ein Kapital von 25 000 € bei einem effektiven Zinssatz von 2,2 %.

H2 **362** Berechne das Endkapital:

a) K = 3 333 €
$p_{eff} = 1{,}8\ \%$
Laufzeit: 6 Jahre

b) K = 5 555 €
$p_{eff} = 2{,}1\ \%$
Laufzeit: 4 Jahre

K I1 H4 K2 **363** Georg berechnet die Zinsen für 77 Tage bei einem Zinssatz von $p_{eff} = 1{,}2\ \%$ auf folgende Weise: „Ich multipliziere das Kapital mit 1,012, dividiere durch 360 und multipliziere mit 77."

Lina meint, dass Georg falsch gerechnet hat, weil er zunächst die Zinsen mithilfe des Faktors 0,012 berechnen und dann mit dem Faktor $\frac{77}{360}$ multiplizieren müsste. Das hätte er dann zum Kapital hinzuaddieren müssen.

Wer hat nun richtig gerechnet? Begründe deine Entscheidung. ____________________

____

____

____

H2 **364** Berechne u und A des Quadrats:

a) a = 3,9 cm
b) a = 64 dm
c) a = 7,3 km

H2 **365** Berechne u und A des Rechtecks:

a) a = 4,6 cm
b = 2,9 cm

b) a = 52 dm
b = 39 dm

c) a = 5,2 km
b = 7,3 km

H2 **366** Berechne u und A des Parallelogramms:

a) a = 6,2 cm
b = 4,9 cm
h_a = 3,5 cm

b) a = 73 dm
b = 98 dm
h_b = 63 dm

c) a = 4,8 km
b = 2,8 km
h_a = 1,9 km

H2 **367** Wie groß ist der Flächeninhalt der Raute? Berechne:

a) e = 56 mm
f = 62 mm

b) e = 76 mm
f = 44 mm

c) e = 48 mm
f = 66 mm

K I3 H1 K1 **368** Notiere die Formeln für die Flächeninhalte:

Parallelogramm: A =

Raute: A =

Deltoid: A =

Trapez: A =

H2 **369** Konstruiere das Deltoid, berechne u und A:

$a = 5{,}2$ cm; $\alpha = 70°$; $b = 65$ mm

H1 **370** Wie viel Prozent der Quadratfläche ist jeweils gefärbt?

a)

b)

c)

H3 **371** Sind die Aussagen richtig oder falsch? Kreuze an:

	richtig	falsch
a) Ein Parallelogramm und ein Trapez haben den gleichen Flächeninhalt, wenn ihre Höhen gleich lang sind.	☐	☐
b) Das Quadrat ist ein Sonderfall einer Raute.	☐	☐
c) Wenn in einem Deltoid a = b, dann handelt es sich um eine Raute.	☐	☐
d) Ein Deltoid hat keinen stumpfen Winkel.	☐	☐

H2 **372** Unterteile die Vielecke in Dreiecke und Trapeze: Miss die Längen und berechne A!

a)

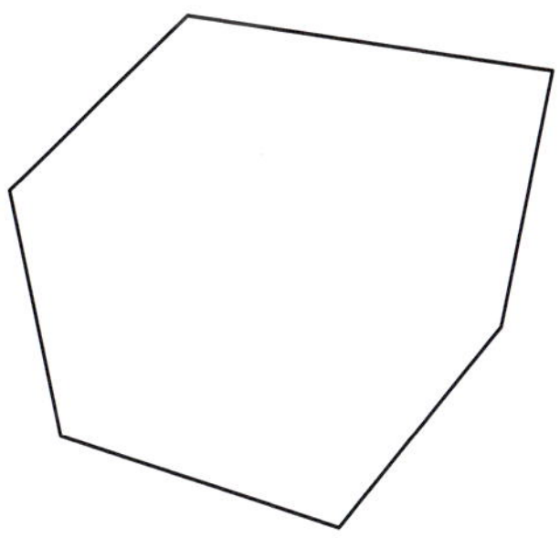

A =

b)

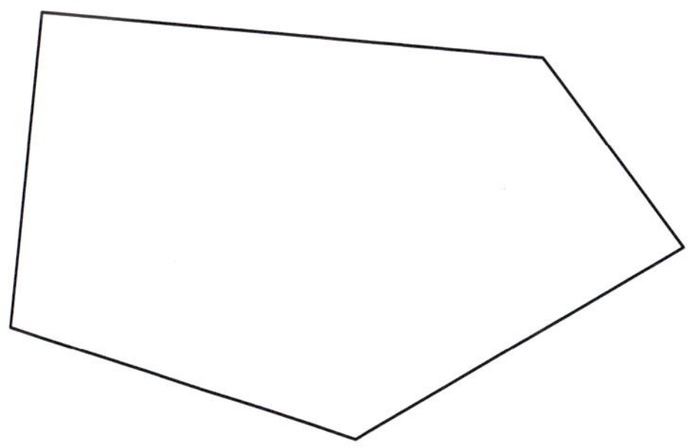

A =

K I3 H3 K2 **373** Für welche Flächen gilt die Aussage? Ziehe Verbindungslinien:

a) Die Diagonalen halbieren einander.	(1) Deltoid
b) Die Winkelsumme beträgt 360°.	(2) Parallelogramm
c) α und β sind supplementär.	(3) Rechteck

H4 **374** Welche der folgenden Aussagen widerlegt die Behauptung, dass in jedem Deltoid die Diagonalen einander halbieren?

☐ a) $a \neq b$ ☐ b) $\beta = \delta$ ☐ c) $e \perp f$

H1 H2 **375** Berechne die Grundstücksgröße:
Maßstab 1 : 500

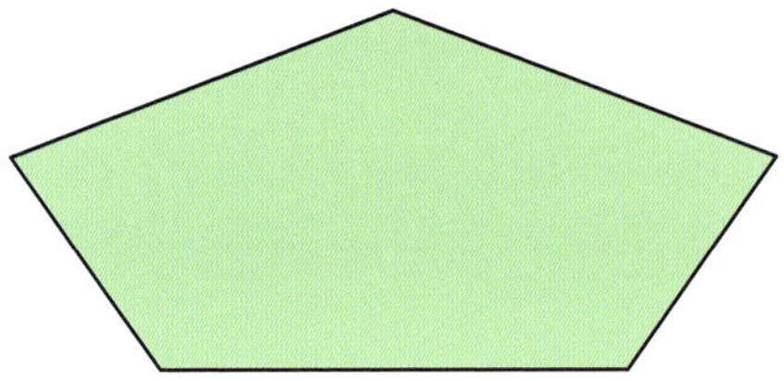

H2 **376** Berechne den Flächeninhalt des Deltoids:

a) $e = 4{,}6$ cm, $f = 7{,}1$ cm
b) $e = 85$ dm, $f = 68$ dm
c) $e = 6{,}2$ km, $f = 4{,}9$ km

H2 **377** Berechne den Flächeninhalt der Raute:

a) $a = 7{,}8$ cm, $h_a = 1{,}7$ cm
b) $e = 56$ dm, $f = 72$ dm
c) $a = 3{,}7$ km, $h_a = 1{,}8$ km

K I3 H1 K3 **378** Konstruiere aus diesem Trapez heraus ein flächengleiches Parallelogramm. Arbeite mit dem Zirkel, du sollst die Seitenlängen nicht abmessen.

Tipp: Überlege anhand der Flächeninhaltsformel!

Level 2

H2 **379** Konstruiere das Deltoid, berechne den Flächeninhalt und miss f:

a) a = 29 mm
b = 41 mm
e = 56 mm

b) a = 38 mm
b = 47 mm
e = 52 mm

c) a = 27 mm
b = 37 mm
e = 47 mm

H2 **380** Kopfrechnen (Deltoid – Umkehraufgaben):

	a)	b)	c)	d)	e)
e	14 cm		25 mm		16 cm
f		9 dm		45 m	
A	56 cm^2	45 dm^2	125 mm^2	90 m^2	80 cm^2

H2 **381** Schneide aus einem Quadrat wie in der Abbildung gezeigt ein Achteck heraus.
Berechne dafür den Flächeninhalt.

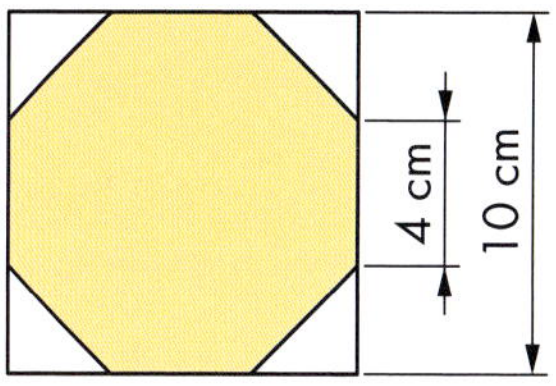

H1 **382** Gib eine Formel für die Berechnung des Flächeninhalts an und berechne diesen!

a = 27 cm, b = 12 cm

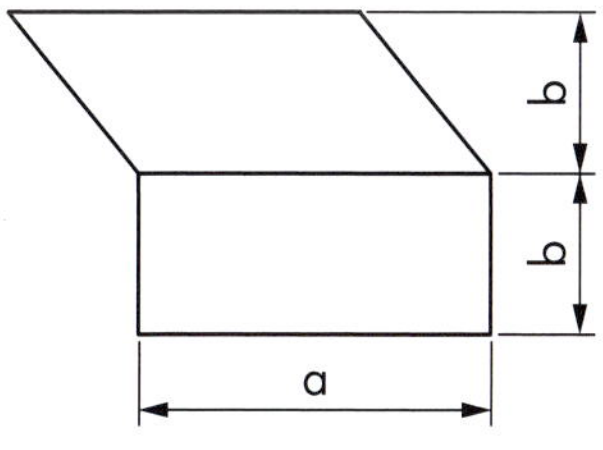

K 383 Berechne den Flächeninhalt der zusammengesetzten Figur.

I3
H2
K2

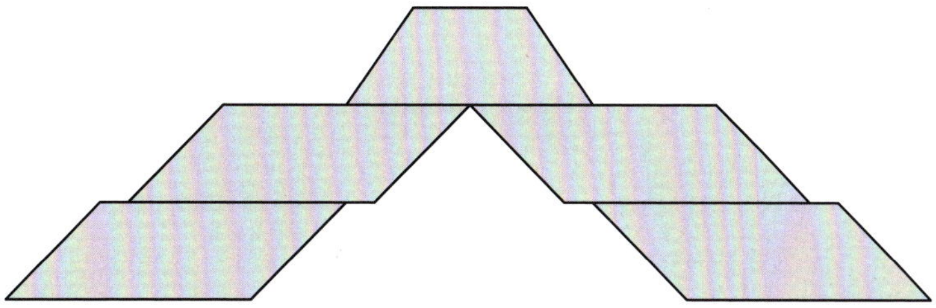

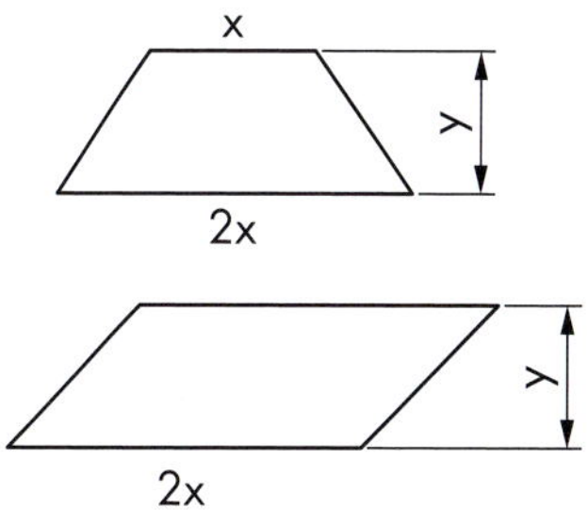

Level 1

H1 **384** In welchem Verhältnis stehen die Streckenlängen zueinander?
Schreib das richtige Verhältnis jeweils neben die Darstellung.
Erkläre und begründe deine Vorgehensweise.

a) 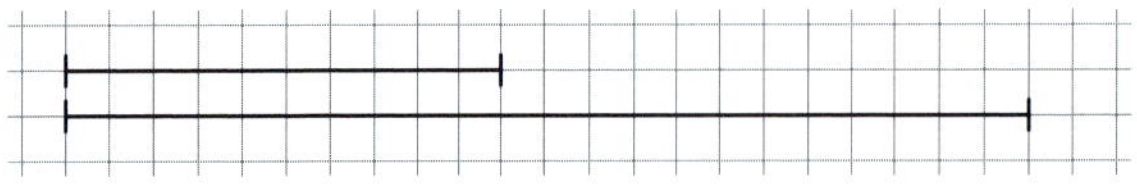

b) 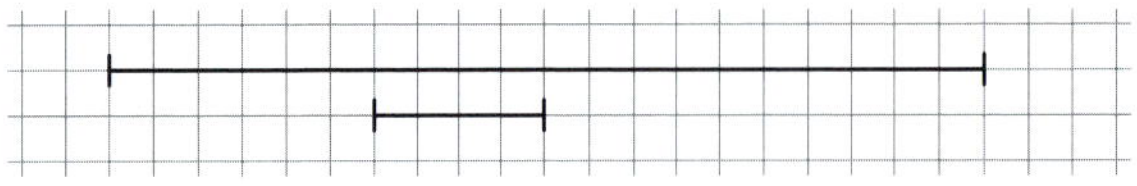

c) 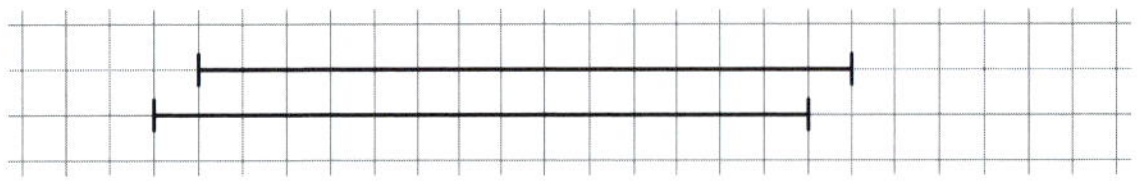

d) 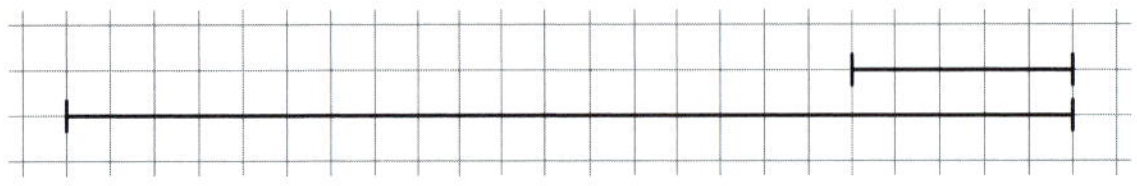

H1 **385** Zeichne jeweils drei Strecken, die im angegebenen Verhältnis stehen.

a) 5 : 2 : 3 b) 3 : 7 : 9 c) 10 : 11 : 3

a)

b)

c)

H2 **386** Berechne den Wert des Verhältnisses. Runde sinnvoll, wenn nötig!
Wie gehst du vor? Begründe deine Überlegungen.

a) 28 : 7 = b) 100 : 33 = c) 70 : 36 = d) 80 : 15 =

K I4 H2 H4 K2 **387** In welchem Größenverhältnis stehen die beiden Esel ungefähr zueinander?

ingimage.com

Begründe deine Entscheidung:

H2 **388** Wie verhalten sich Länge und Breite bei folgendem Rechteck?
Miss Länge und Breite ab!

H2 **389** Zeichne ein Rechteck, dessen Seiten sich wie 3 : 2 verhalten.
Erkläre und begründe deine Vorgehensweise.

H2 **390** Stelle folgende Verhältnisse durch einfachere Zahlen dar.

a) 12 : 36 =

b) 15 : 10 =

c) 2,5 : 10 =

d) 0,4 : 1 =

H2 **391** Vereinfache folgende Verhältnisse:

a) 100 : 350 =

b) 15 : 25 =

c) 24 : 32 =

d) $\frac{1}{4} : \frac{1}{2} =$

e) 0,6 : 1,5 =

f) 40 : 100 =

K I4 H3 K2 **392** Ein Rechteck hat die Länge 21 cm und die Breite 14 cm. Welches Format ist richtig?
Kreuze an.

- ☐ a) 42 : 14
- ☐ b) 3 : 2
- ☐ c) 2 : 1
- ☐ d) 7 : 4

H1 H2 **393** Ein Fernsehbildschirm hat das Format 16 : 9. Die Bildschirmbreite beträgt 816 mm.
Wie hoch ist der Bildschirm?

H2 **394** Die Seitenlängen eines Dreiecks verhalten sich wie 5 : 4 : 3.
Berechne die übrigen Seiten, wenn die längste Seite 35 cm misst.

Level 2

H2 **395** Ein Lottogewinn von 36 000 € wird unter drei Personen im Verhältnis 2 : 3 : 7 aufgeteilt.
Welchen Betrag erhält jede Person?

H2 **396** Berechne die unbekannte Zahl x in der Proportion.

a) x : 4 = 9 : 2 b) 6 : x = 4 : 7

H2 **397** Welchen Wert muss die Variable annehmen, damit die Proportion richtig ist?

a) 12 : 8 = x : 5 b) 2,5 : 1,5 = 4 : x

K I4 H2 K1 **398** Die Körpergrößen von Lena und Florian verhalten sich wie 5 : 4. Wie groß ist Lena, wenn Florian 1,44 m misst?
Stelle eine Proportion auf und löse sie.

H2 **399** Die Flächen Österreichs und der Slowakei verhalten sich annähernd wie 12 : 7.
Berechne die Größe der Slowakei, wenn Österreich eine Fläche von 84 000 km^2 hat.

Fotolia.com/Tatiana

H2 **400** Berechne die Unbekannte durch Umformung in eine Produktgleichung!

a) (x + 2) : 4 = 3 : 6 b) 6 : (x – 3) = 15 : 24 c) x : (x + 4) = 15 : 25

Level 2

H2 **401** Berechne den Wert der folgenden Verhältnisse, runde sinnvoll und gib einen Vergleich in Prozent an.

a) 28 : 29 b) 130 : 50

c) 12 : 15 d) 23 : 100

H2 **402** Multipliziere kreuzweise und berechne die Unbekannte.

a) $\frac{4}{x} = \frac{6}{15}$ b) $\frac{x-2}{3} = \frac{8}{12}$

K **403** Der Schatten eines Baumes ist 27 m lang. Astrid ist 1,60 m groß und steht neben dem Baum. Sie wirft einen Schatten von 2,40 m Länge. Welche Aussagen sind richtig? Kreuze an.
I4 H1 K3

- ☐ a) Der Baum ist höher als 27 m.
- ☐ b) Der Baum ist kleiner als 27 m.
- ☐ c) Der Baum ist kleiner als Astrid.
- ☐ d) Der Schatten des Baumes ist länger als der Baum hoch ist.

H1 H2 **404** Der Erdradius beträgt 6 370 km, jener des Pluto 500 km.
Welche Größe hat der Radius des Pluto in einer maßstäblichen Zeichnung, wenn die Erde mit einem Radius von 100 mm dargestellt wird?
Berechne die maßstäbliche Größe vom Radius des Pluto!

Level 3

H2 **405** Löse die Proportionen richtig.

a) $\frac{6}{x+1} = \frac{9}{6}$

b) $\frac{x+3}{x} = \frac{5}{2}$

H2 **406** Die Höhen der Petronas Twin Towers in Malaysien und des Pariser Eiffelturms verhalten sich annähernd wie 3 : 2. Wie hoch sind die Petronas Towers, wenn der Eiffelturm eine Höhe von 300 m hat?

Fotolia.com/Marina Ignatova

H2 **407** Vor einigen Jahren wurden Bilder noch in Form von Dias auf die Wand projiziert. Die Abmessungen betrugen meist 36 mm mal 24 mm. Bei der Projektion auf eine Wand hat das Bild eine Breite von 1,5 m. Welche Höhe hat das Bild an der Wand?

K I4 H3 K3 **408** Die Längen zweier Strecken verhalten sich wie 5 : 6. Welche Behauptungen sind richtig? Kreuze sie an!

- ☐ a) Die erste Strecke besteht aus fünf Teilen, die zweite aus sechs solchen Teilen.
- ☐ b) Die erste Strecke ist 1,2-mal so lang wie die zweite.
- ☐ c) Wenn die erste Strecke eine Länge von 20 cm hat, dann hat die zweite Strecke eine Länge von 24 cm.
- ☐ d) Die Länge der zweiten Strecke ist $\frac{6}{5}$ der zweiten Strecke.
- ☐ e) Die zweite Strecke ist um 20 % kürzer als die erste.
- ☐ f) Die erste Strecke ist um 20 % kürzer als die zweite.

H1 H2 **409** Eine Wanderkarte hat den Maßstab 1 : 25 000.
Welche Proportion gilt für eine Länge k auf der Karte und die entsprechende Länge w in der Wirklichkeit?

H1 H2 **410** Der Maßstab einer Karte lautet 1 : 500 000.
Berechne mithilfe einer Proportion die wirkliche Länge, wenn die Länge auf der Karte 16 cm beträgt.

H1 **411** Der Schenkel a eines gleichschenkligen Dreiecks misst $\frac{4}{5}$ der Basislänge c. Drück den Sachverhalt durch eine Gleichung aus! Forme zu einer Proportion um und zeichne ein mögliches Dreieck.

K I4 H1 H2 H4 K2 **412** Die täglichen Reisestrecken zum Urlaubsziel von Familie Bobovic verhalten sich wie 7 : 5 : 3.

a) Frau Bobovic behauptet: „Schon am ersten Tag legen wir fast die Hälfte der gesamten Reisestrecke zurück". Kann das stimmen?

Begründe deine Antwort: ______________________________

____

____

____

b) Berechne die Längen der einzelnen Etappen, wenn das Urlaubsziel 2 100 km entfernt liegt.

H1 **413** Ein 16,5 m langes Gebäude hat einen Grundflächeninhalt von 206,25 m^2.
Berechne die Breite des Gebäudes!

H1 **414** Der Umfang eines Rechtecks beträgt 140 m. Die Breite ist um fünf kleiner als die Hälfte der Länge.
Berechne Länge, Breite und Flächeninhalt des Rechtecks.

H2 **415** $A = \frac{a \cdot h_a}{2}$ Forme um: $a = ?$ $h_a = ?$

H2 **416** $u = 2 \cdot (a + b)$ Forme um: $a = ?$ $b = ?$

H3 **417** Drücke den Flächeninhalt der gefärbten Restfigur mit den entsprechenden Variablen aus.

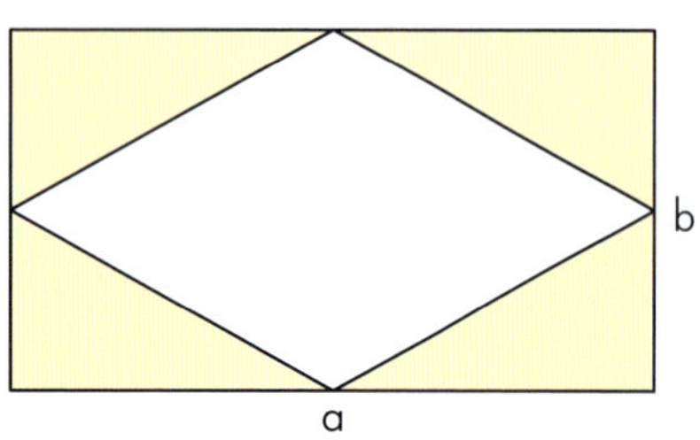

Kreuze die richtige Formel an:

- ☐ a) $a \cdot b - a \cdot b$
- ☐ b) $a \cdot b - e \cdot f$
- ☐ c) $a \cdot b - \frac{a \cdot b}{2}$

K I2 H3 K1 **418** Hier haben sich Fehler eingeschlichen. Stelle die Formeln richtig:

a) Rechteck: $u = (a + b) : 2$

$u =$

b) Deltoid: $A = e \cdot f \cdot 2$

$A =$

H3 **419** Kreuze jeweils die richtige Gleichung an:

Katrin benötigt mit dem Rad für die a Meter lange Strecke zu ihrer Oma b Minuten und verbrennt dabei c Kalorien.

a) Welche Strecke s fährt sie pro Minute?

☐ (1) $s = a \cdot b$ ☐ (2) $s = b : a$ ☐ (3) $s = a : b$

b) Wie viel Kalorien x verbrennt sie pro Minute?

☐ (1) $x = c : b$ ☐ (2) $x = b : c$ ☐ (3) $x = c \cdot b$

c) Wie lang müsste die Strecke t sein, um das Fünffache der Kalorien zu verbrennen?

☐ (1) $t = 5 \cdot b$ ☐ (2) $t = a \cdot 5$ ☐ (3) $t = a : 5$

d) Welche Strecke w (in Metern) könnte sie in einer Stunde zurücklegen?

☐ (1) $w = a \cdot b$ ☐ (2) $w = 60 \cdot b$ ☐ (3) $w = a \cdot 60 : b$

Level 1

H1 H2 **420** Berechne die Zeit in Minuten, die Herr Pröll für eine 96 km lange Strecke benötigt, wenn seine Durchschnittsgeschwindigkeit 60 km/h beträgt!
Verwende die Geschwindigkeitsformel!

H1 H2 **421** Berechne die Breite des Rechtecks, wenn dessen Länge dreimal so lang wie die Breite und der Umfang 116 m ist!

K I2 H3 K2 **422** Berechne die Basis des gleichschenkligen Dreiecks, wenn ein Schenkel 23,8 cm und der Umfang 63,3 cm misst.

a) Welche Rechnung führt dich zum richtigen Ergebnis und wie lautet dieses?

☐ (1) $x = 63{,}3 : 3 - 23{,}8$ ☐ (2) $x = 63{,}3 - 23{,}8 \cdot 2$ ☐ (3) $x = (63{,}3 - 23{,}8) : 2$

b) Die Länge der Basis beträgt

☐ (1) $x = 15{,}7$ cm ☐ (2) $x = 2{,}7$ cm ☐ (3) $x = 19{,}7$ cm

Level 2

H1 H2 **423** Eine Flasche Weißwein kostet um 0,40 € mehr als eine Flasche Rotwein.
Wie viel kostet eine Flasche jeder Sorte, wenn die Rechnung für je sechs Flaschen insgesamt 48 € beträgt?

H1 H2 **424** Der Umfang eines Rechtecks ist 3,8 m. Die Breite ist um 10 cm länger als die halbe Länge. Berechne Länge und Breite!

H1 **425** a) Mit welcher Durchschnittsgeschwindigkeit ist Felix mit seinem Rad unterwegs, wenn er für die 24 km lange Strecke zu seiner Oma 1,5 Stunden benötigt?

b) Den Heimweg schafft er aufgrund des Gefälles in einer Stunde. Mit welcher Durchschnittsgeschwindigkeit fährt er?

H1 H3 **426** Wie groß ist der Umfang der Figuren? Ordne richtig zu!

a)

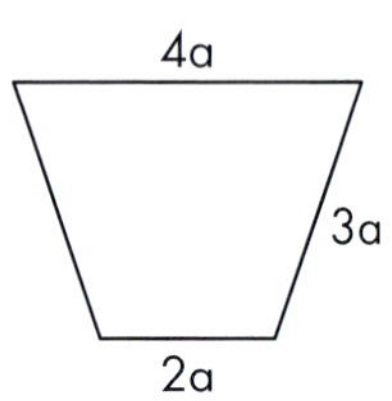

b)

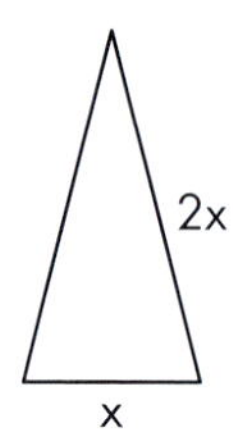

c)

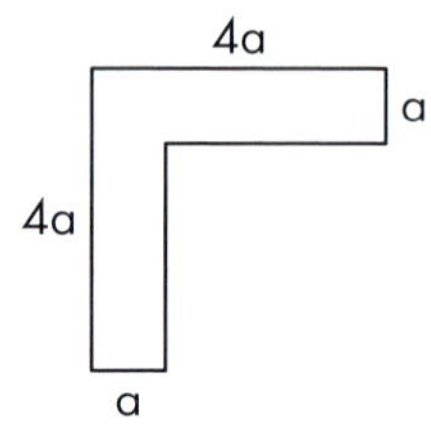

u =

u =

u =

12a | 24x | 10x | 5x | 8a | 16a

K I2 H1 K1 **427** Sechs Flaschen Mineralwasser kosten mit Einsatz 3,30 €.
Der Einsatz pro Flasche ist um 5 Cent mehr, als das Wasser pro Flasche kostet.
Wie viel kostet das Wasser und wie viel kostet der Einsatz pro Flasche?

Fotolia.com/seen

H1 H4 **428** Ein Rechteck ist 5-mal so lang wie breit und hat einen Umfang von 3,6 m.

a) Berechne Länge und Breite des Rechtecks!

b) Welche Gleichung führt zum richtigen Ergebnis? Kreuze an:

☐ (1) $(a + 5a) : 2 = 3{,}6$ ☐ (2) $(a + 5a) \cdot 2 = 3{,}6$

c) Warum irrt sich Ida, wenn sie meint, dass sie die Summe der Seiten für die Berechnung des Umfangs halbieren muss?

Begründe: ______________________________

____

H1 **429** Berechne den Anhalteweg bei einer Geschwindigkeit von 120 km/h!

H1 H2 **430** Berechne Bremsweg und Reaktionsweg bei einer Geschwindigkeit von 80 km/h.

H1 **431** Beschreibe den Umfang mithilfe der Variablen:

a)

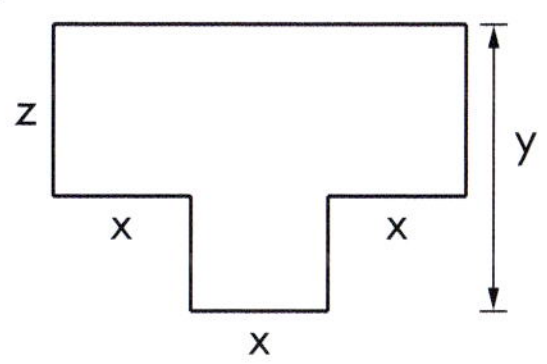

u =

b)

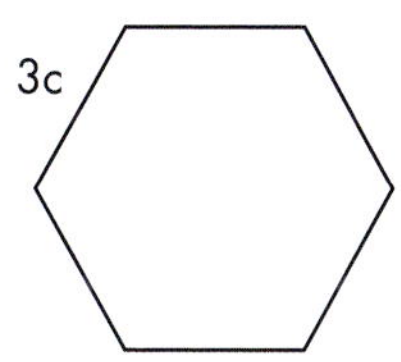

u =

c)

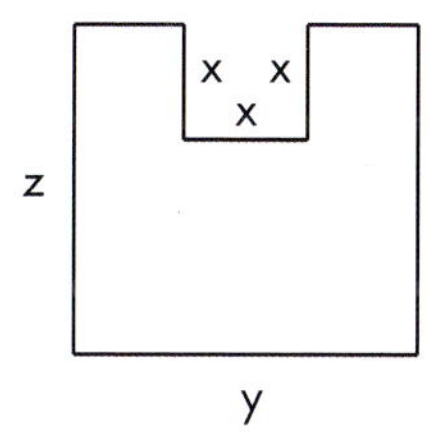

u =

H1 H2 **432** Welche Größen benötigst du für die Berechnung der Masse eines Körpers?

und

Berechne die Masse für drei Würfel, deren Kantenlänge jeweils a = 5,5 cm beträgt, bei denen das Material jedoch unterschiedlich ist: Holz 0,5 g/cm^3; Eisen 7,86 g/cm^3; Aluminium 2,67 g/cm^3

K I2 H3 K1 **433** Wie groß ist die Dichte eines Körpers, wenn seine Masse 15 kg und sein Volumen 0,01 m^3 sind?

Kreuze die richtige Lösung an: ☐ a) 150 kg/m^3 ☐ b) 15 kg/m^3 ☐ c) 1 500 kg/m^3

Level 2

H3 **434** Welche der abgebildeten Figuren sind ähnlich? Verwende das Ähnlichkeitszeichen (~). Welche zwei Figuren sind jeweils kongruent zueinander? (Kongruenzzeichen: ≅)

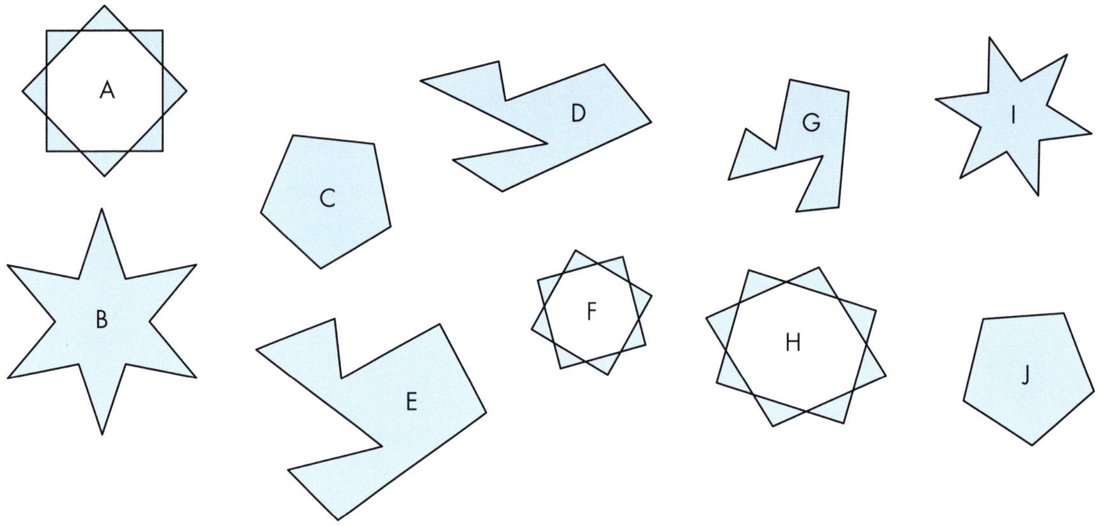

H3 H2 **435** Vervollständige die ähnlichen Figuren.

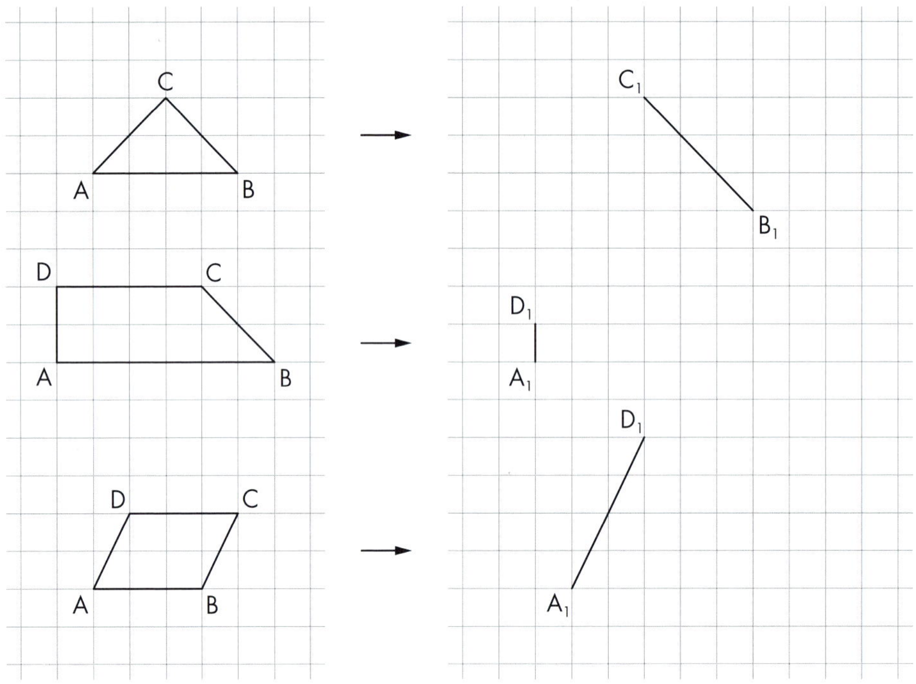

K I3 H3 K2 **436** Kreuze jene Figur an, die zur Figur ganz rechts ähnlich ist.

☐ a) ☐ b) ☐ c) ☐ d)

H2 **437** Konstruiere ein Dreieck mit folgenden Angaben und ein dazu ähnliches Dreieck.
Dreieck ABC: a = 8 cm; b = 3 cm; c = 9 cm; ähnliches Dreieck: c_1 = 3 cm

H2 **438** Zeichne ein Rechteck mit der Länge a = 5 cm und der Breite b = 4 cm.
Konstruiere dazu zwei unterschiedliche ähnliche Rechtecke.
Konstruiere dann auch zwei nicht ähnliche Rechtecke.

K **439** Welche **zwei** der folgenden Aussagen sind richtig? Kreuze sie an!

I3 H3 K2

- ☐ a) Ähnliche Dreiecke haben gleiche große Seiten.
- ☐ b) Wenn man ein Rechteck vergrößert, wird es ähnlich zum ursprünglichen.
- ☐ c) Wenn man von zwei kongruenten Rechtecken eines verkleinert, bleibt es kongruent.
- ☐ d) Ähnliche Vierecke haben gleich große Winkel.
- ☐ e) Zwei Menschen, die sich ähnlich sehen, sind kongruent.

H2 **440** Zeichne zwei beliebige ähnliche Fünfecke!

H2 **441** Vergrößere das Fünfeck ABCDE im Verhältnis 4 : 5. Verwende den Punkt A als Streckungszentrum.
A (–7/–7); B (–1/–6); C (1/–2); D (–2/3); E (–7/–2)

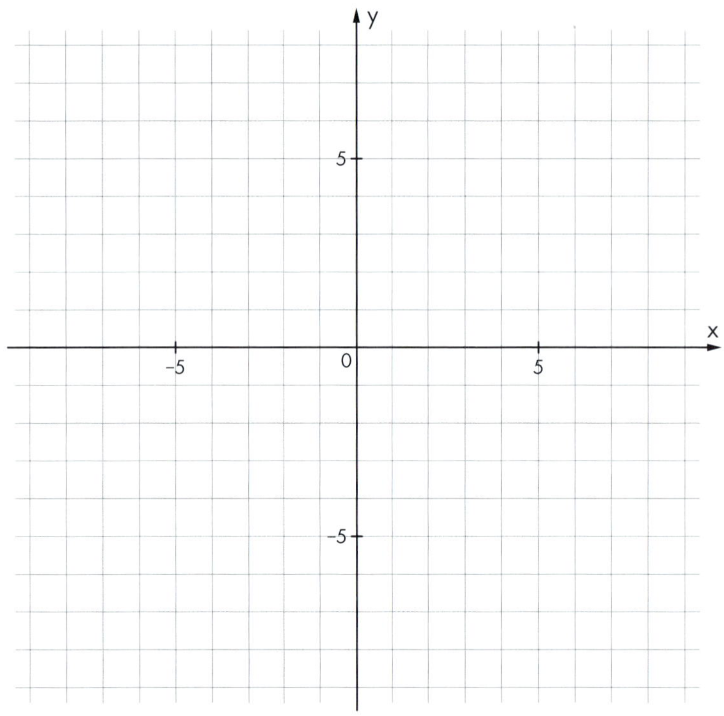

K **442** Was bedeutet 12 % Gefälle? Kreuze die richtige Antwort an:

I3 H2 K2

- ☐ a) Auf 100 m waagrechter Entfernung steigt die Straße um 12 m.
- ☐ b) Auf 50 m Entfernung fällt die Straße um 6 m.
- ☐ c) Auf 12 m Entfernung steigt die Straße um 100 cm.
- ☐ d) 12 % aller Autos dürfen hier nicht fahren.

H1 H2 **443** Das Gefälle einer Straße wird in Prozent angegeben. (5 % Gefälle bedeutet, dass bei 100 m waagrechter Entfernung die Straße um 5 m an Höhe abfällt.)

Ein 2,5 km langes Straßenstück fällt um 150 m. Wie viel Prozent Gefälle hat die Straße auf diesem Teilabschnitt?

K H1 H2 K2 **444** Zeichne die gegebene Figur und vergrößere sie im Verhältnis 3 : 5!
Z ist das Streckungszentrum. (Maße in mm)

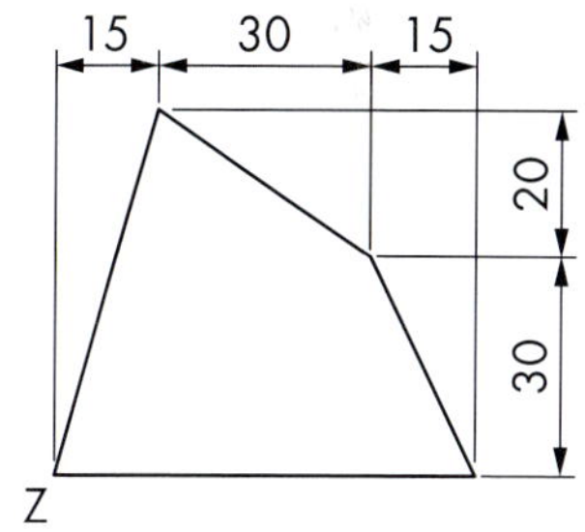

K I3 H2 H4 K2 **445** Welchen Wert hat die Variable x?

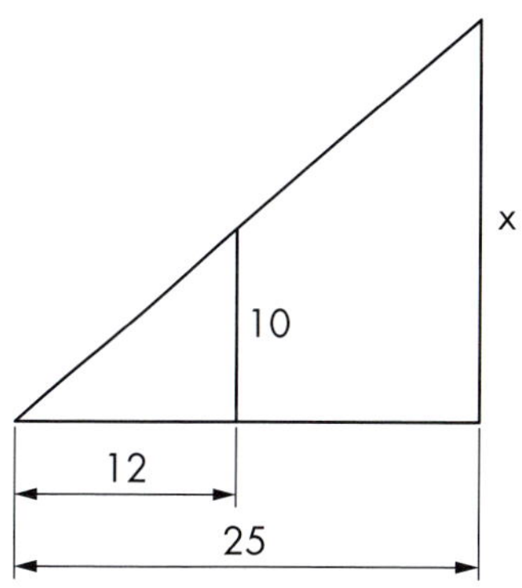

Begründe deine Antwort!

____

____

____

____

H1 H2 **446** Berechne die Variable mithilfe des Strahlensatzes.

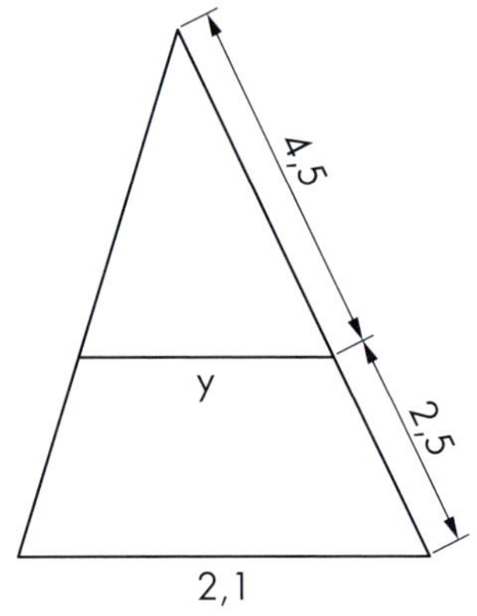

H1 H2 **447** Die Breite eines Flusses lässt sich bestimmen, wenn man die Längen x, y und z (siehe Zeichnung) kennt. Berechne die Flussbreite b, wenn gilt: x = 60 m; y = 6 m; z = 2,5 m.

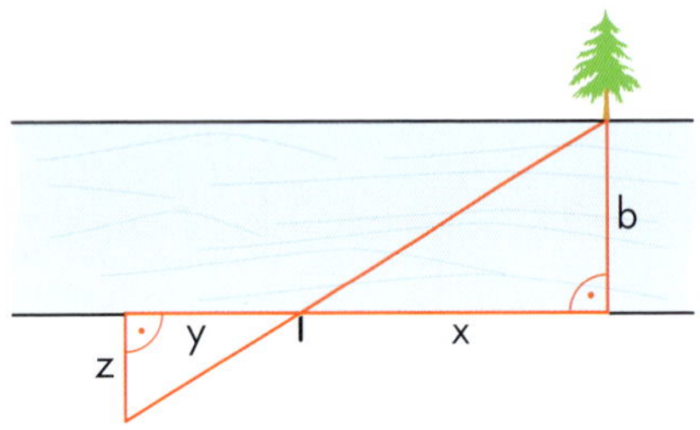

K I3 H1 H2 K2 **448** Eine 3 m hohe Messlatte wirft einen 2,5 m langen Schatten. Wie weit ist ein 66 m hoher Turm vom Standpunkt entfernt?

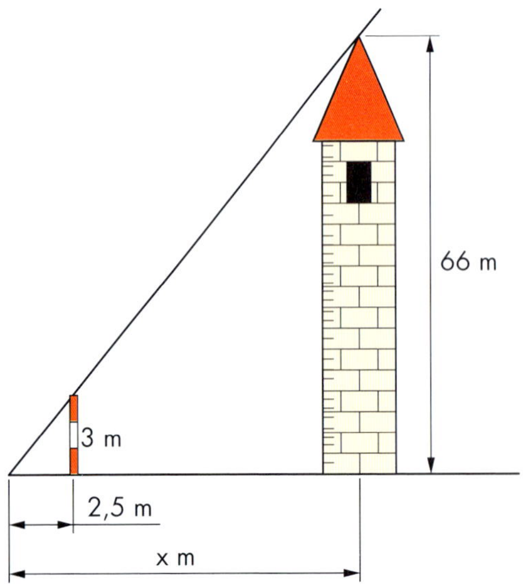

H1 H2 **449** Wie weit ist der Mast vom Betrachter horizontal entfernt? Beachte, dass die Entfernung Boden – Auge auch berücksichtigt werden muss!

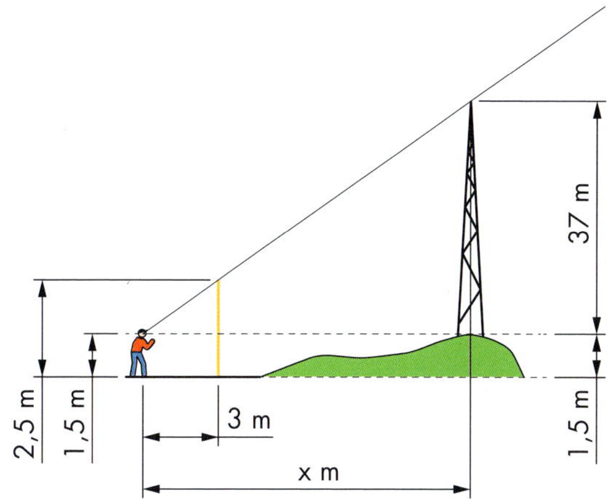

Level 3

H1 H2 **450** In einem unwegsamen Gelände ist ein Punkt S nicht erreichbar. Es war jedoch möglich, folgende Strecken zu messen: a = 21 m, b = 27 m, c = 36 m.
Wie weit ist der Punkt S von R entfernt?

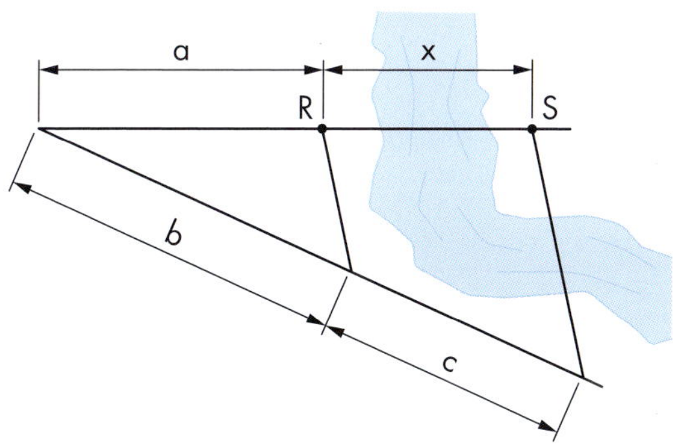

K I3 H1 H3 K3 **451** Welchen Durchmesser hat das Ziffernblatt einer Turmuhr, wenn es von einem Geldstück mit 2 cm Durchmesser in 40 cm Entfernung vom Auge exakt verdeckt wird und der Turm 50 m entfernt ist? Erstelle eine entsprechende Skizze und kreuze die richtige Antwort an.
Begründe deine Entscheidung!

- ☐ a) 5m
- ☐ b) 80 cm
- ☐ c) 2,5 m
- ☐ d) 20 m

Begründung: ______________________________

____

____

Level 1

H3 **452** Schreib den pythagoräischen Lehrsatz mit den entsprechenden Variablen an.
Achte auf den rechten Winkel!

a)

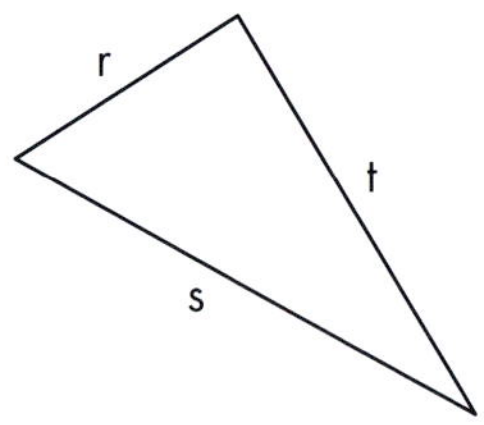

b)

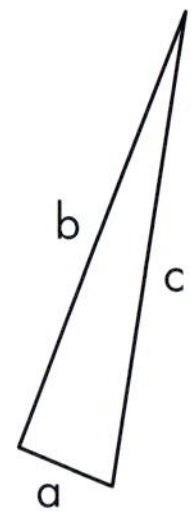

c)

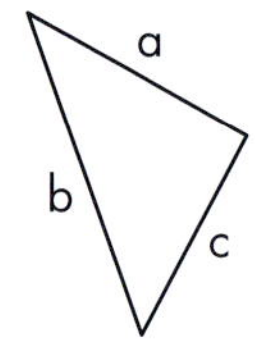

d)

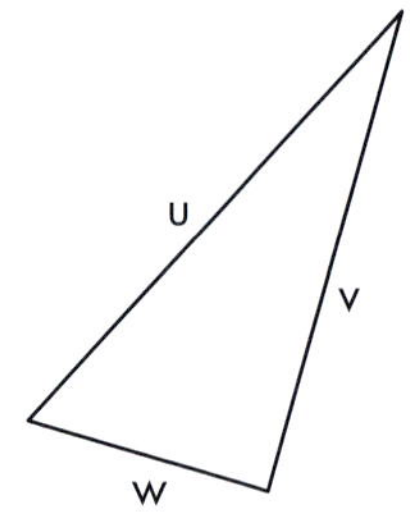

H2 **453** Ziehe die Quadratwurzel! Verwende dazu einen Taschenrechner und runde sinnvoll!

a) $\sqrt{120} =$ b) $\sqrt{3{,}78} =$

c) $\sqrt{1{,}7} =$ d) $\sqrt{0{,}81} =$

H1 **454** Vervollständige die Tabelle und berechne die Hypotenuse c eines rechtwinkligen Dreiecks mit den Katheten a und b.

	a	b	a^2	b^2	$c^2 = a^2 + b^2$	$c = \sqrt{a^2 + b^2}$
a)	35	17				
b)	11	23				

H2 **455** Berechne die fehlende Kathete a und vervollständige die Tabelle. (c = Hypotenuse; b = Kathete)
Runde das Ergebnis sinnvoll, wenn nötig.

	c	b	c^2	b^2	$a^2 = c^2 - b^2$	$a = \sqrt{c^2 - b^2}$
a)	34,5	27				
b)	105	6,5				

H2 **456** Quadriere folgende Zahlen! Verwende einen Taschenrechner!

a) $19^2 =$ b) $1{,}23^2 =$

c) $2{,}7^2 =$ d) $18{,}5^2 =$

K I3 H1 H3 K2 **457** Welchen Wert kann die fehlende Seite annehmen? Kreuze an!

- ☐ a) 15,2 cm
- ☐ b) 11,3 cm
- ☐ c) 18,9 cm
- ☐ d) 100 cm

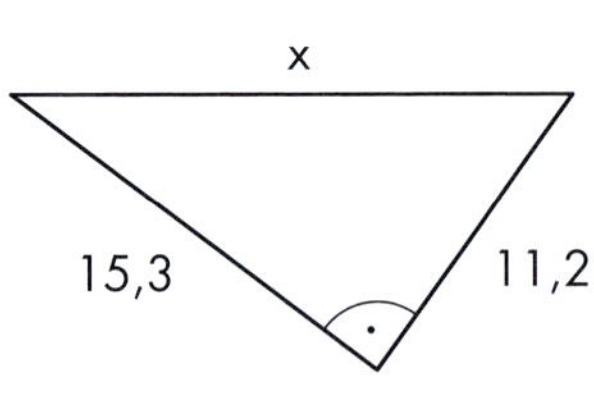

H2 **458** Berechne jeweils die fehlende Seite!

a)

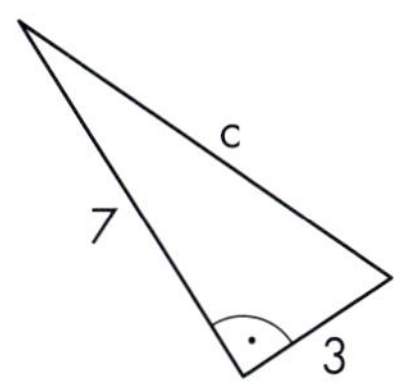

c =

b)

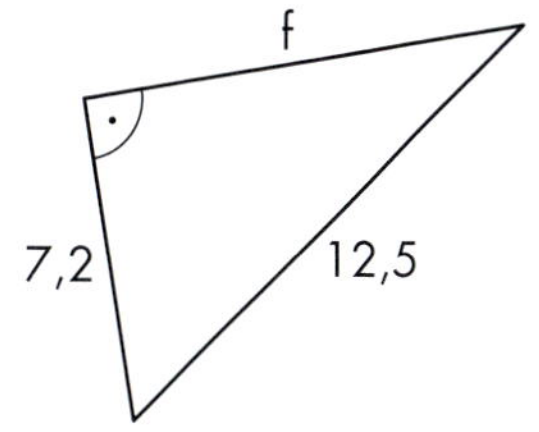

f =

H2 **459** Gegeben ist ein rechtwinkliges Dreieck mit der Kathete x und der Hypotenuse y. (x = 6 m; y = 8 m). Berechne die zweite Kathete z!

H2 **460** Berechne die fehlende Kathete (a oder b) und anschließend den Flächeninhalt! Die Hypotenuse lautet c. Achte auf die Einheiten und runde sinnvoll.

a) c = 67,5 m; a = 281 dm

b) c = 200 cm; b = 8 dm

H2 **461** Berechne die Länge der zweiten Kathete und der Hypotenuse, die Höhe und den Umfang des Dreiecks.

a) A = 1 400 m^2; b = 70 m

b) A = 900 m^2; a = 60 m

K I3 H2 H4 K3 **462** Leonie hat sich beim Lösen der Aufgabe verrechnet. Was hat sie falsch gemacht, wenn ihr Ergebnis für die Seite b = 20,5 cm lautet? Kannst du ihr helfen?

Begründe deine Antwort!

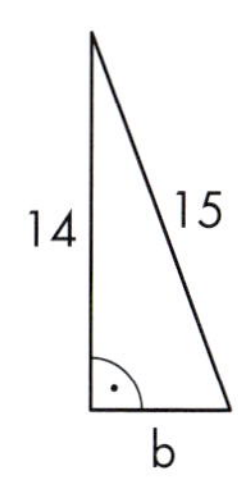

Level 2

H1 H2 **463** Die direkte Messung einer Strecke AB ist wegen eines Sees nicht möglich. Wie groß ist die Entfernung der Strecke AB? Achte auf die Skizze!
$a = 180$ m; $b = 40$ m

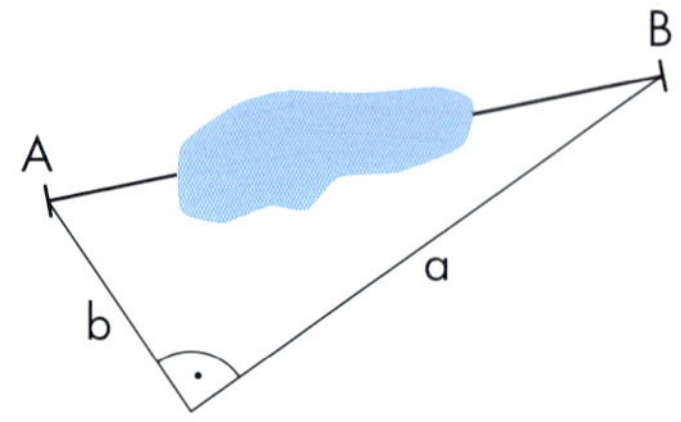

Level 2

H1 H2 **464** Die Länge der Diagonale eines Quadrats beträgt 6 cm. Berechne die Seitenlänge s, den Umfang u und den Flächeninhalt A!

$d = \sqrt{s^2 + s^2}$
$d = \sqrt{2 \cdot s^2}$

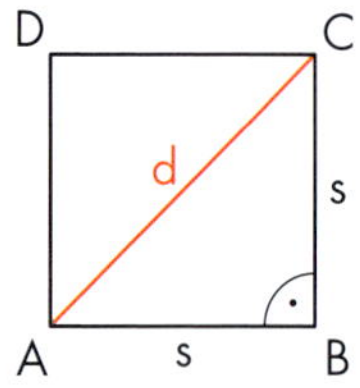

H1 H2 **465** Bestimme mithilfe des pythagoräischen Lehrsatzes die Entfernung der Punkte M und N im Koordinatensystem.

M (7/7), N (–6/–6)

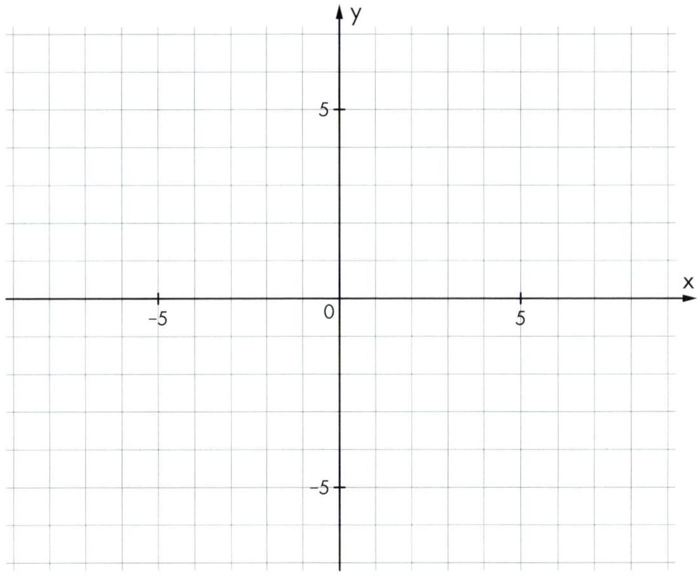

K I3 H1 K2 **466** Beweise, dass die beiden Diagonalen in einem Rechteck gleich lang sind. Begründe deine Antwort.

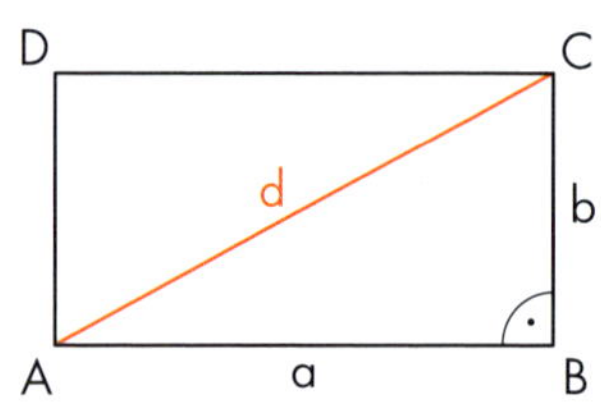

H1 H2 **467** Gegeben sind die Koordinaten eines Dreiecks. Berechne den Umfang dieses Dreiecks.

A (–3/–5); B (1/1); C (– 4/4)

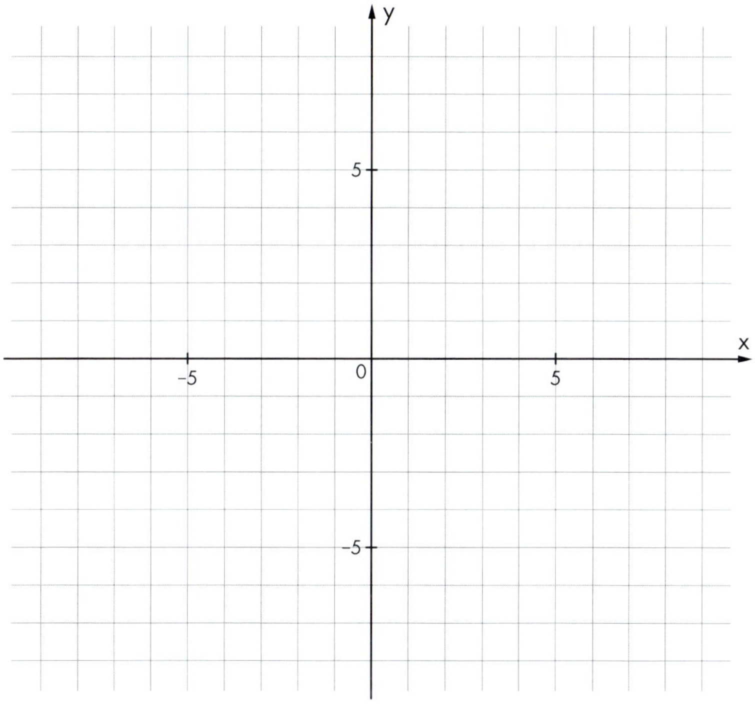

H1 H2 **468** Vom äußeren Quadrat kennt man die Länge der Diagonale (d = 724 mm).
Berechne die Diagonallänge d_1 des inneren Quadrates!

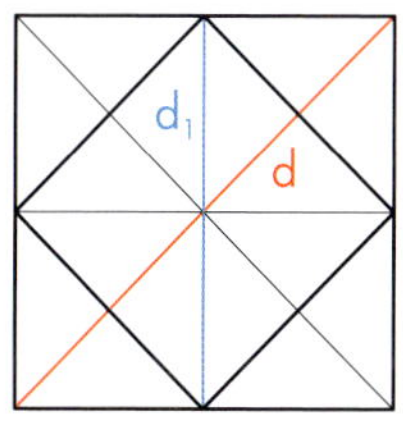

K I3 H1 H2 K2 **469** Wie hoch reicht eine 6,4 m lange Leiter, deren Anstellwinkel 75° beträgt?
Ermittle die Lösung mithilfe einer maßstäblichen Zeichnung.

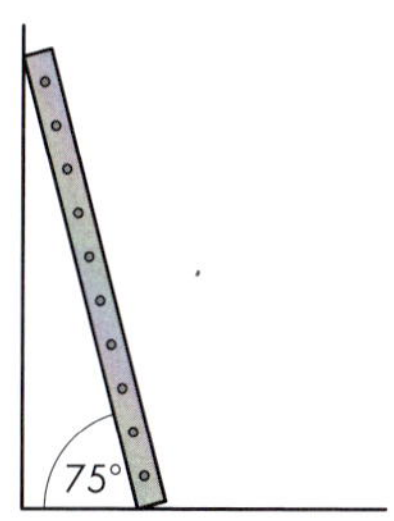

H1 H2 **470** Die Körpergrößen von Schülerinnen und Schülern einer Klasse (21 Jugendliche) sollen in vier Gruppen eingeteilt werden:

A: 150–159 cm B: 160–169 cm C: 170–179 cm D: 180–189 cm

Messwerte: 153; 163; 180; 177; 158; 176; 167; 173; 155; 160; 175; 157; 162; 161; 172; 173; 169; 181; 179; 167; 172

a) Bestimme für die vier Gruppen die absolute, relative und prozentuelle Häufigkeit.

	Absolute Häufigkeit	Relative Häufigkeit	Prozentuelle Häufigkeit
A			
B			
C			
D			

b) Stelle die Gruppenergebnisse in einem Säulen- und einem Kreisdiagramm dar.

Level 1

c) Bestimme Mittelwert und Spannweite aller Messwerte!

H2 **471** Berechne (mit der Tabellenkalkulation) den Mittelwert folgender Angaben:

43,9 28,4 19,2 12,9 56,7 18,2 32,7 44,4 43,2 38,7 56,2

H2 **472** Die Tabelle zeigt die Ergebnisse der Zufriedenheit von Kundinnen und Kunden in einem Schuhgeschäft. Ergänze die Tabelle richtig!

	Absolute Häufigkeit	Relative Häufigkeit in Bruchform	Relative Häufigkeit in Prozent
Sehr zufrieden	216		
Zufrieden	320		
Weniger zufrieden	168		
Summe	704		100 %

K I4 H1 H4 K2 **473** Welcher der folgenden Werte könnte der Mittelwert der Zahlen 12, 13, 14, 15, 16, 17, 18 sein? Begründe, warum die anderen Angaben nicht zutreffen können!

- ☐ a) 11
- ☐ b) 19
- ☐ c) 15
- ☐ d) 200

H1 H2 **474** Beim 60-m-Lauf einer Klasse wurden folgende Ergebnisse (in s) erzielt.

10,2; 9,5; 9,4; 10,7; 9,0; 8,5; 8,3; 9,7; 9,1; 8,4; 8,0; 7,9; 9,7; 9,9; 9,5; 8,7; 9,7; 10,0; 9,4; 10,5; 8,8; 7,7; 9,2; 8,0;

a) Bilde für die 60-m-Zeiten vier Klassen:
Klasse 1: 7,0–7,9 s; Klasse 2: 8,0–8,9 s; Klasse 3: 9,0–9,9 s; Klasse 4: 10,0–10,9 s
Berechne die verschiedenen Häufigkeiten der vier Klassen!

Klasse	Absolute Häufigkeit	Relative Häufigkeit	Prozentuelle Häufigkeit
1			
2			
3			
4			

b) Berechne den Mittelwert und die Spannweite der Laufzeiten.

Level 2

H1 H2 **475** Statistik Austria (www.statistik.at) berichtet über die Anzahl der Verletzten in einem bestimmten Jahr. Betrachte das Diagramm und bilde daraus vier neue Altersklassen nach Jahren:

Klasse 1: 0–19 Klasse 2: 20–39
Klasse 3: 40–59 Klasse 4: 60 und darüber

Berechne die verschiedenen Häufigkeiten der nun anderen Klassen und erstelle ein neues Säulendiagramm.

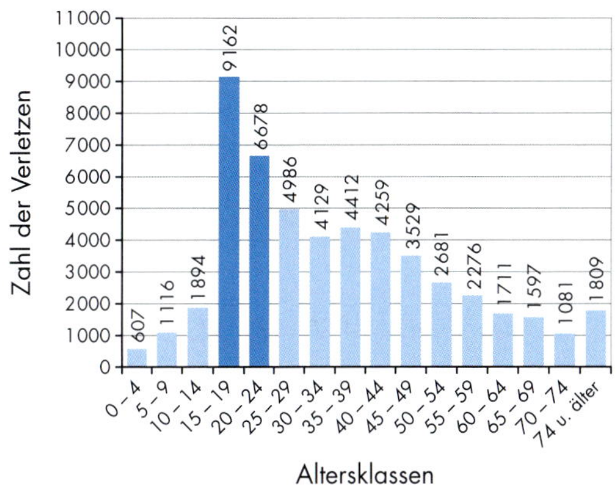

K I4 H3 H4 K3 **476** Die beiden Grafiken zeigen denselben Sachverhalt: die Steigerung des Preises einer bestimmten Ware im Lauf von 12 Jahren. Welche Grafik wird verwendet um zu argumentieren, dass die Steigerung nicht so hoch war?

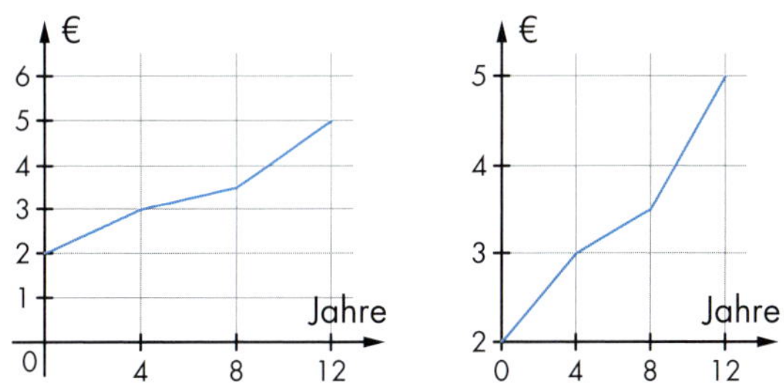

Begründe deine Entscheidung!

____

____

Level 2

H2 **477** Die Gemeinde Sinabelkirchen veranstaltet ein Radrennen für alle Gemeindemitglieder. Die Zeiten (in Stunden) der 30 Teilnehmenden findest du in der Tabelle:

Name	A.D.	R.V.	M.S.	K.W.	R.P.	S.K	V.M.	S.M.	K.G.	U.B.	E.B.	V.O.	S.K.	M.E.	L.S.
Zeit	1,3	0,7	1,6	1,7	1,6	2,1	2,2	0,9	1,4	2,8	1,9	1,4	1,7	1,4	1,8

Name	K.A.	V.H.	S.I.	D.M.	L.Q.	R.T.	X.U.	K.L.	G.A.	V.M.	A.I.	S.G.	U.O.	W.I.	S.P.
Zeit	1,3	1,2	1,6	0,9	1,3	1,1	2,2	0,8	1,3	1,7	1,1	2,1	1,3	1,9	1,2

a) Berechne den Mittelwert und die Spannweite der Zeiten.

b) Teile die Zeiten in vier Klassen ein:

A: unter 1 Stunde
B: zwischen 1 und 1,5 Stunden
C: zwischen 1,5 und 2 Stunden
D: über 2 Stunden

Berechne die verschiedenen Häufigkeiten der vier Klassen.

Klasse	Absolute Häufigkeit	Relative Häufigkeit	Prozentuelle Häufigkeit
1			
2			
3			
4			

c) Stelle die vier Zeitklassen als Säulen- und Kreisdiagramm dar!

K I4 H2 H3 H4 K2 **478** Gibt es bei folgender Schülergruppe einen Zusammenhang zwischen den Noten in Mathematik und Physik? Die Tabelle zeigt die entsprechenden Werte von zehn Schülerinnen und Schülern. Erstelle ein xy-Diagramm und begründe deine Antwort.

	Maria	Franz	Paul	Klara	Gabi	Leo	Karl	Conny	Agnes	Hans
Mathematik	4	3	3	1	2	5	2	2	1	1
Physik	1	3	1	1	4	2	3	2	3	5

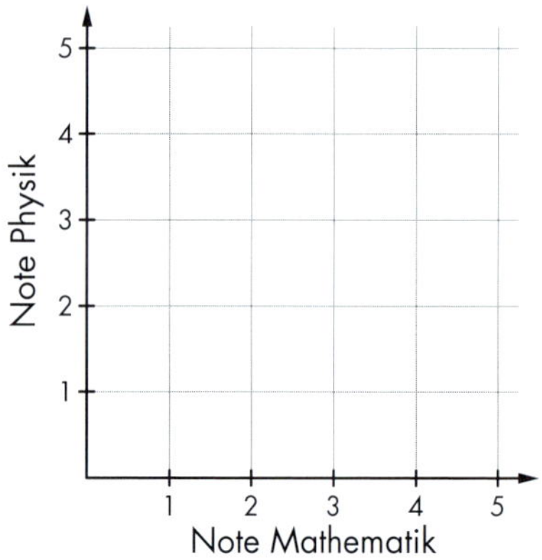

Begründung: ____________________

____

____

____

____

____

____

H1 H2 **479** Körpergröße und Körpergewicht stehen häufig in einem Zusammenhang. Überprüfe diesen mit den Daten folgender Personen und erstelle ein xy-Diagramm (verwende eventuell eine Tabellenkalkulation). Übertrage die Werte in das Diagramm und wähle selbst geeignete Einheiten.

	Josef	Peter	Norbert	Thomas	Erol	David	Valentin	Marcel	Fabio	Tim
Größe in cm	167	150	177	171	168	166	1578	180	172	160
Gewicht in kg	50	44	61	63	70	53	51	72	80	45

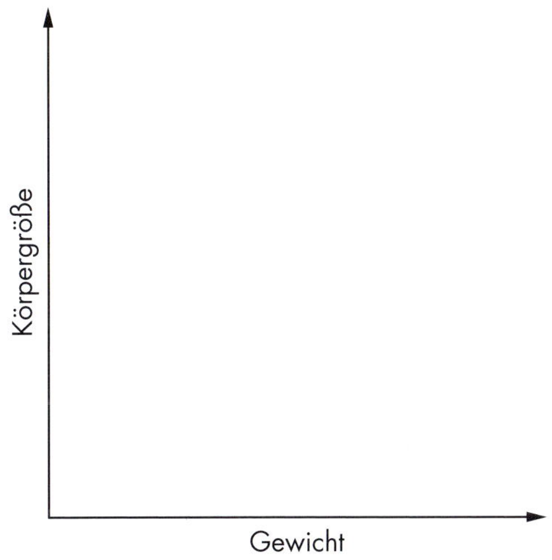

Level 3

K I4 H3 H4 K3 **480** Das Diagramm zeigt die rasante Entwicklung des Bestands an PKWs und Kombis in Österreich von 1955 bis 2010 (Daten nach: Statistik Austria).

a) Welche Änderung müsste man im Diagramm vornehmen, um den starken Anstieg des Autobestandes noch deutlicher hervorzuheben? Schreib deine Überlegungen auf:

____

____

____

____

b) Peter wählt eine andere Form der Darstellung, nämlich Würfel. Wie beurteilst du sie? Schreib deine Überlegungen auf:

____

____

____

____

____

PKWs und Kombis in Österreich 1955 bis 2010

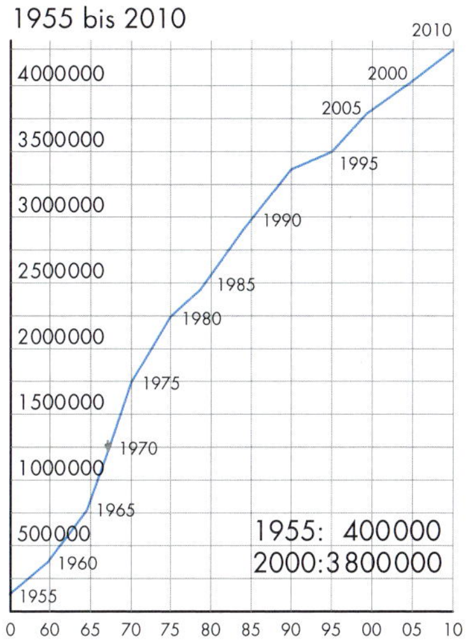

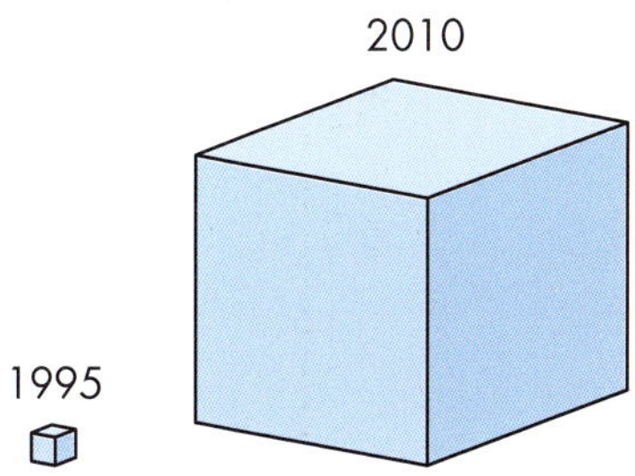

Level 1

H3 **481** Kreuze an, aus welcher Sicht jeder Quader betrachtet wird. Hebe die Vorderfläche mit Farbe hervor.

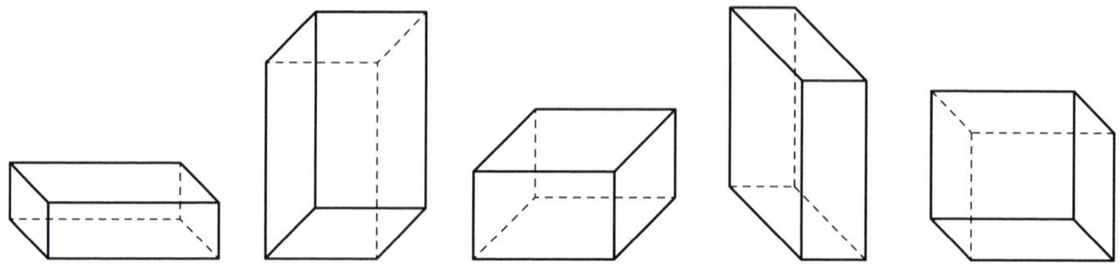

Obersicht von rechts					
Obersicht von links					
Untersicht von rechts					
Untersicht von links					

H1 H3 **482** Stelle die Würfel in vier verschiedenen Ansichten (unten angegeben) dar!
Ziehe alle sichtbaren Kanten mit einem Farbstift kräftig, nicht sichtbare Kanten strichliert nach.
Hebe die Vorderfläche mit einer weiteren Farbe hervor.

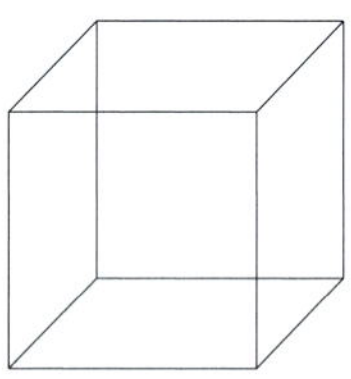

oben-rechts

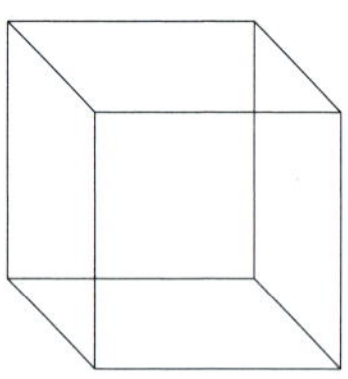

unten-rechts

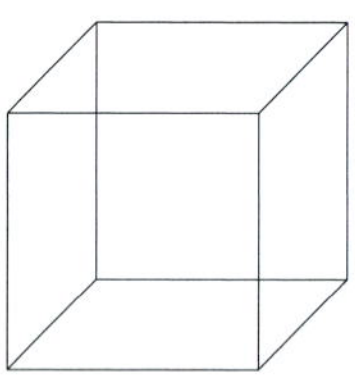

unten-links

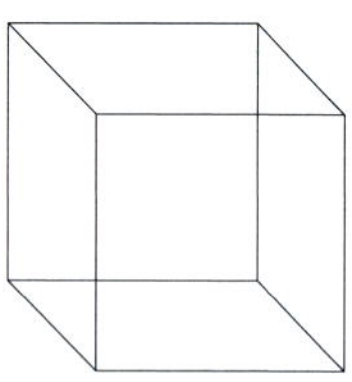

oben-links

H1 H2 **483** Vervollständige in den Quaderschrägrissen die fehlenden Kanten. Beachte die Sichtbarkeit!

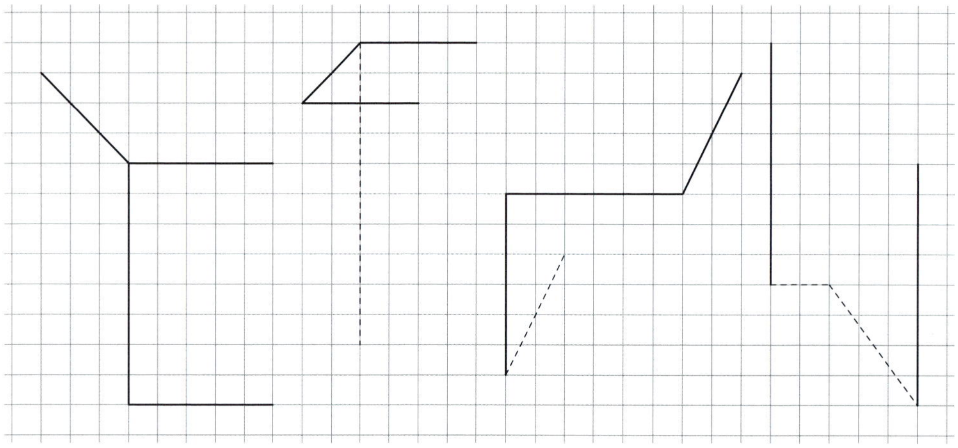

K I3 H3 H4 K1 **484** Überprüfe, welche der Schrägrissdarstellungen richtig und welche falsch sind. Kreuze an:

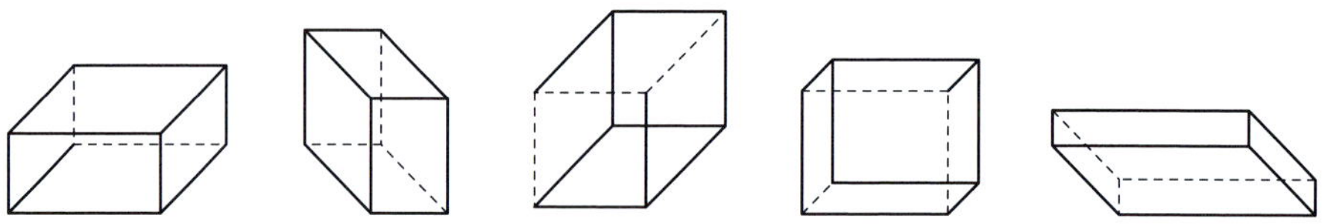

	a)	b)	c)	d)	e)
richtig	☐	☐	☐	☐	☐
falsch	☐	☐	☐	☐	☐

Erkläre deiner Sitznachbarin oder deinem Sitznachbarn, wie du zu deinen Entscheidungen gekommen bist.

H1 H2 **485** Zeichne jeden Quader dreimal im Schrägriss ($\alpha = 45°$, $v = \frac{1}{2}$) in dein Heft oder auf ein leeres Blatt Papier, wobei jeweils eine andere Seite Grundfläche sein soll!

a) a = 6 cm; b = 4 cm; h = 5 cm
b) a = 3 cm; b = 7 cm; h = 4 cm
c) a = 52 mm; b = 28 mm; h = 6 cm
d) a = 34 mm; b = 66 mm; h = 52 mm

H2 **486** Verwandle in das benachbarte Raummaß:

a)
4,7 dm^3 = ____________ cm^3
93,5 m^3 = ____________ dm^3
60 090 mm^3 = ____________ cm^3
7 030 dm^3 = ____________ m^3
15,8 cm^3 = ____________ dm^3

b)
0,08 m^3 = ____________ dm^3
2 004 mm^3 = ____________ cm^3
530 cm^3 = ____________ dm^3
3,6 dm^3 = ____________ cm^3
800,2 dm^3 = ____________ m^3

H2 **487** Berechne das Volumen der prismenförmigen Körper (Maße in cm).

a)
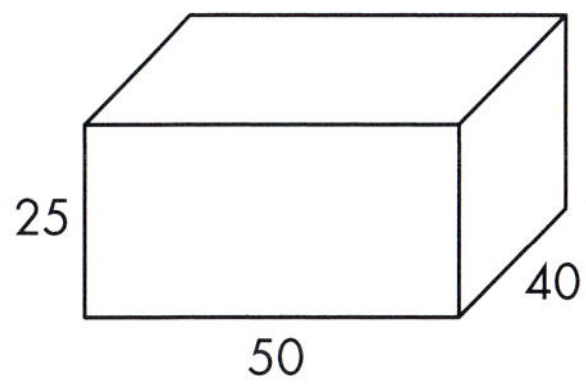

b)
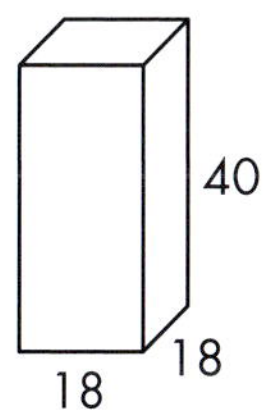

c)
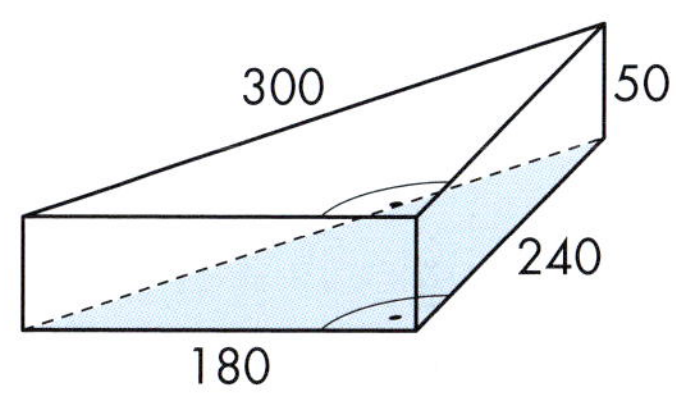

H1 H3 **488** Schätze, in welchem Größenbereich der Oberflächeninhalt der Prismen aus Aufgabe 487 liegt. Kreuze an:

a)
- ☐ ca. 100 cm^2
- ☐ ca. 1 000 cm^2
- ☐ ca. 10 000 cm^2
- ☐ ca. 100 000 cm^2

b)
- ☐ ca. 800 cm^2
- ☐ ca. 4 000 cm^2
- ☐ ca. 20 000 cm^2
- ☐ ca. 80 000 cm^2

c)
- ☐ ca. 1 000 cm^2
- ☐ ca. 8 000 cm^2
- ☐ ca. 40 000 cm^2
- ☐ ca. 80 000 cm^2

H3 **489** Bestimme den Oberflächeninhalt der Prismen aus Aufgabe 487.

K I3 H2 K1 **490** Bestimme das Volumen und den Oberflächeninhalt des dreiseitigen Prismas. Die Maße sind in cm angegeben.

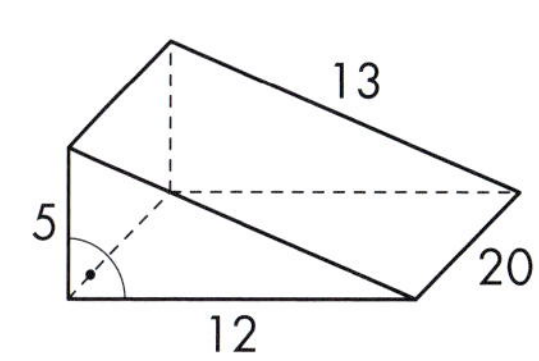

Level 1

H1 **491** Stelle die Quader als Untersicht dar. Ziehe dazu alle sichtbaren Kanten nach. Hebe anschließend die Grundfläche mit einer Farbe hervor.

a)

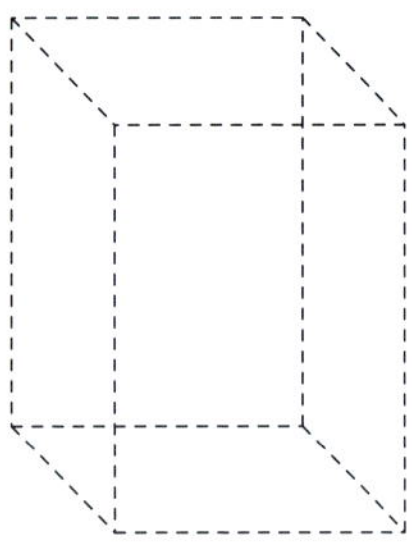

b)

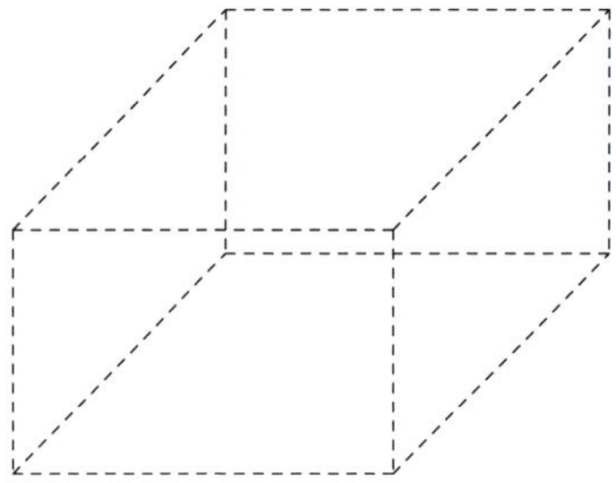

c)

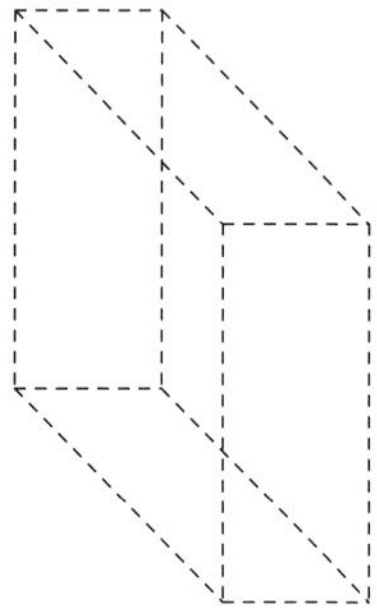

H1 H2 **492** Vervollständige die Quader und Würfel, zeichne die fehlenden sichtbaren und verdeckten Kanten ein. Hebe die Vorderflächen, die sichtbaren Seitenflächen sowie die Deckflächen in jeweils einer anderen Farbe hervor.

H1 H2 **493** Berechne das Volumen und den Oberflächeninhalt des zusammengesetzten Körpers (Maße in mm).

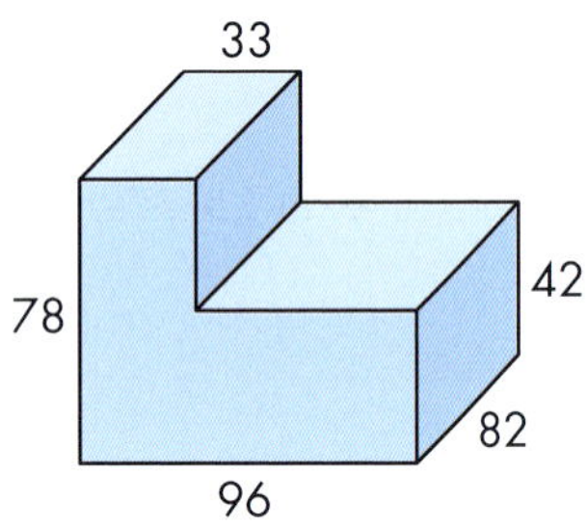

H1 H3 **494** Zeichne den Körper aus Aufgabe 493 im Schrägriss ($v = \frac{1}{2}$; $\alpha = 45°$) in dein Heft oder auf ein unliniertes Blatt Papier.

K **495** Kreuze an, aus welchem Netz sich ein Prisma falten lässt:

I3 H1 H3 K3

☐ a)

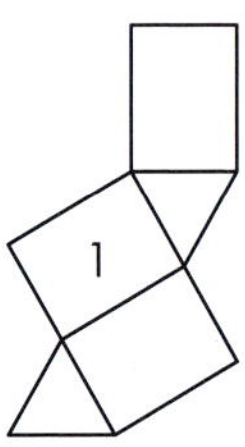

☐ b)

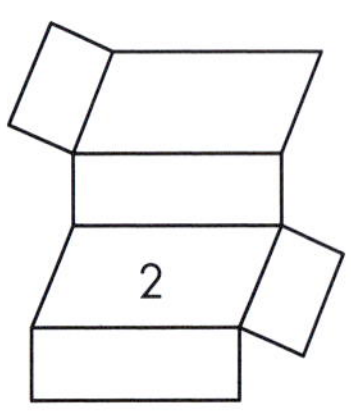

☐ c)

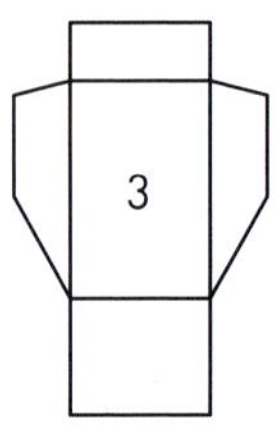

☐ d)

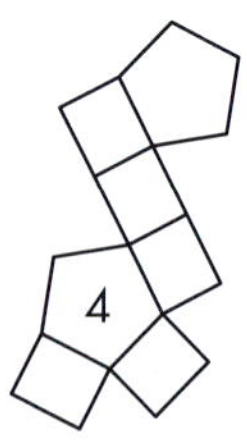

☐ e)

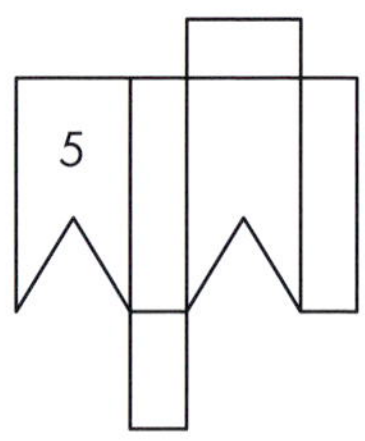

H4 K3 Besprecht zu zweit, wo die Fehler bei den falschen Netzen sind.

H1 H3 **496** Verbinde die gleichen Raummaße mit einer Linie. Welches Raummaß bleibt übrig?

a)

$4{,}8\ m^3$ ☐		☐ $480\ cm^3$
$4{,}08\ m^3$ ☐		☐ $4\ 008\ dm^3$
		☐ $4\ 080\ dm^3$
$40{,}8\ dm^3$ ☐		☐ $4\ 800\ dm^3$
$0{,}48\ dm^3$ ☐		☐ $40\ 800\ cm^3$

b)

$306\ cm^3$ ☐		☐ $0{,}3006\ m^3$
$3\ 600\ mm^3$ ☐		☐ $0{,}0306\ dm^3$
		☐ $0{,}306\ dm^3$
$300{,}6\ dm^3$ ☐		☐ $3{,}006\ m^3$
$30{,}6\ cm^3$ ☐		☐ $3{,}6\ cm^3$

H1 H2 **497** Eine $92\ m^2$ große Wohnung ist 2,60 m hoch. Wie viel kg Luft befinden sich in der Wohnung, wenn Zwischenmauern nicht berücksichtigt werden? ($\rho_{Luft} = 1{,}29\ kg/m^3$)

Level 2

H2 **498** Ein Styroporwürfel hat die Kantenlänge von 50 cm und wiegt 3 750 g.
Berechne die Dichte von Styropor!

H1 H2 **499** Zeichne das Netz eines Prismas, dessen Grundfläche ein rechtwinkliges Dreieck ist, in dein Heft.
($a = 6$ cm; $b = 4$ cm; $h = 3$ cm)
Berechne anschließend den Oberflächeninhalt des Prismas!
Miss die fehlende Hypotenusenlänge des Grundflächendreiecks aus dem gezeichneten Netz.

K I3 H2 K2 **500** Der abgebildete Körper ist aus zwei Würfeln zusammengesetzt.
Der große Würfel hat eine Kantenlänge von 5 cm und der kleinere eine Kantenlänge von 2 cm.

a) Wie groß ist der Oberflächeninhalt des zusammengesetzten Körpers?

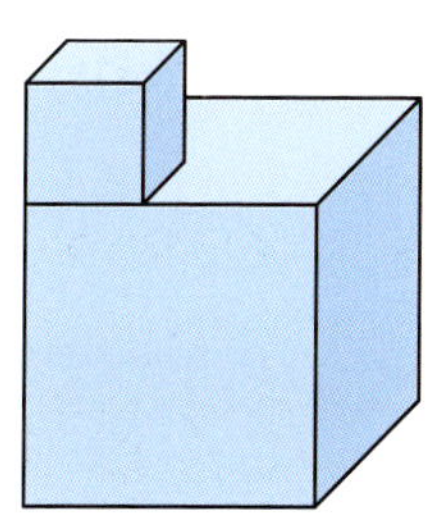

H1 H3 K2 b) Wie groß ist der Oberflächeninhalt, wenn in jeder Ecke der Grund- und Deckfläche des großen Würfels ein kleiner Würfel aufgesetzt wird? Kreuze die richtige Lösung an:

☐ $174\ cm^2$ ☐ $214\ cm^2$ ☐ $262\ cm^2$ ☐ $278\ cm^2$ ☐ $310\ cm^2$ ☐ $342\ cm^2$

Level 3

H1 H3 **501** Zu welchem Körper passt das rechts abgebildete Netz? Kreuze an:

☐ a)

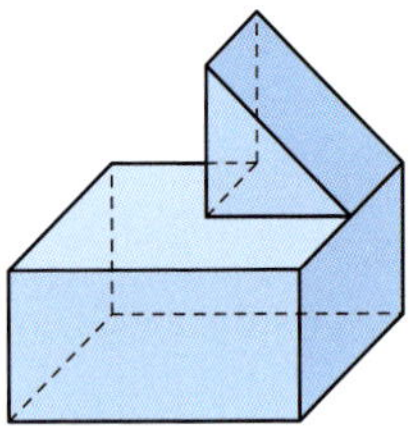

☐ b)

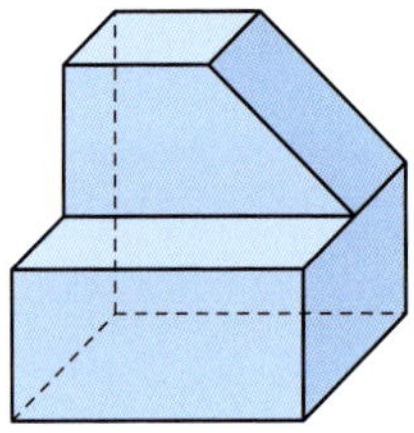

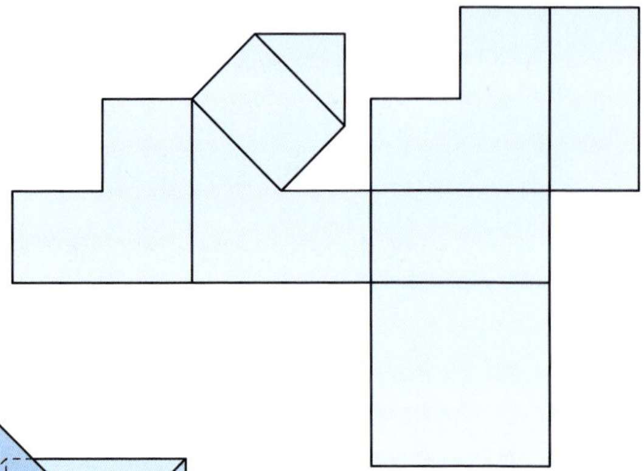

☐ c)

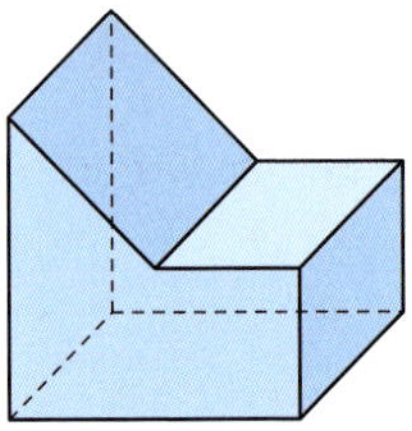

☐ d)

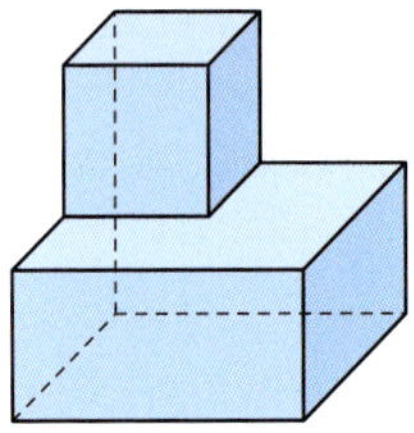

☐ e)

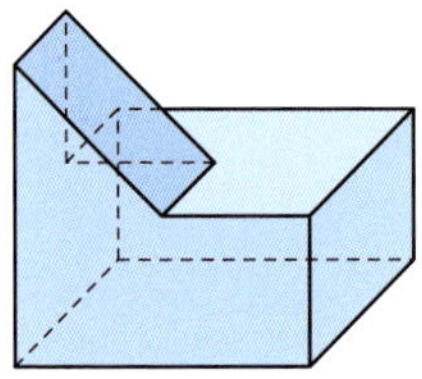

☐ f) zu keinem Körper

H1 H2 **502** Ein Würfelteil wird zuerst 90° um die z-Achse gedreht und danach 90° um die x-Achse.
Zeichne mit freier Hand jeweils die Endlage des Würfelteils ein.

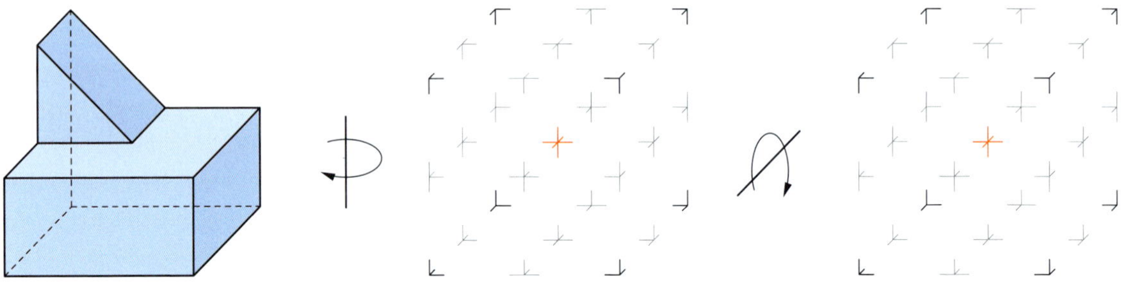

H2 H3 **503** Ein Couchtisch hat eine Marmorplatte von 1,35 m Länge, 98 cm Breite und 28 mm Dicke.
1 cm^3 Marmor wiegt 2,7 g.

a) Wie groß würdest du die Masse der Marmorplatte schätzen? Kreuze an:

☐ 10 kg ☐ 50 kg ☐ 100 kg ☐ 200 kg

b) Überprüfe deine Schätzung, indem du die Masse der Marmorplatte berechnest.

K I3 H1 H2 K2 **504** Simone möchte die Wände ihres Mansardenzimmers, das 4,2 m lang und 3,6 m breit ist, streichen. Eine kürzere, trapezförmige Wand soll dabei in einem kräftigen Grün, der Rest in weißer Farbe gestrichen werden. Der Raum ist auf der einen Seite 2,60 m und auf der anderen 1,40 m hoch. Eine Tür (2 m hoch, 1 m breit) befindet sich auf einer weiß zu färbenden Wand.
Für wie viel Quadratmeter muss Simone grüne und weiße Farbe einkaufen, wenn sie die Wände doppelt streichen muss?

H1 H3 **505** Ein 8 m breites Schwimmbad hat folgenden Querschnitt:
Das Becken wird bis 20 cm unter den Rand gefüllt.

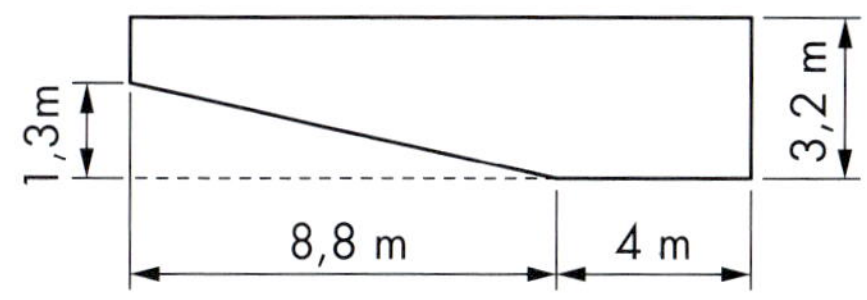

a) Schätze, wie viel Wasser in etwa zum Befüllen des Beckens nötig ist. Kreuze an:

☐ 200 hl ☐ 1 000 hl ☐ 2 500 hl ☐ 10 000 hl

H2 b) Berechne die tatsächliche Wassermenge in hl.

H1 H2 c) Das Schwimmbad muss neu verfliest werden. Wie viel Quadratmeter Fliesen werden dafür benötigt?

Level 3

H1 H2 **506** Auf einen Würfel mit der Kantenlänge a wird ein zweiter Würfel mit der halben Kantenlänge des großen Würfels gesetzt.

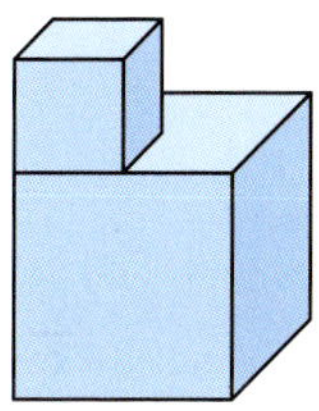

a) Gib den Oberflächeninhalt des zusammengesetzten Körpers in möglichst einfacher Form an:

H1 H3 b) Mit welcher Formel kannst du das Volumen des zusammengesetzten Körpers berechnen? Kreuze an:

☐ $\frac{3a^3}{2}$ ☐ $\frac{9a^3}{8}$ ☐ $\frac{9a^2}{4}$ ☐ $2a^3$ ☐ $\frac{7a^3}{6}$ ☐ $\frac{5a^2}{4}$

H1 H3 **507** Ein Würfel wird in acht kleine Würfel zerschnitten.

a) Wie verändert sich der Oberflächeninhalt der acht kleinen Würfel zu dem des ursprünglichen Würfels?
Kreuze an:

☐ Er ist nur mehr ein Viertel. ☐ Er ist genau die Hälfte. ☐ Er bleibt gleich.
☐ Er ist doppelt so groß. ☐ Er verdreifacht sich. ☐ Er ist 8-mal so groß.

H4 b) Joe meint, dass sich der Oberflächeninhalt verdreifacht, weil beim Zerschneiden bei jedem Würfel drei neue Flächen entstehen, die es vorher nicht gab. Begründe, warum er nicht recht hat.

K I3 H1 H3 K3 **508** Auf einen Würfel mit der Kantenlänge a wird in die Mitte jeder Seite ein Würfel mit einem Viertel der Kantenlänge des großen Würfels gesetzt.

a) Wie ändert sich der Oberflächeninhalt im Verhältnis zum großen Würfel? Kreuze an:

☐ $\frac{a^2}{4}$ ☐ $\frac{a^2}{16}$ ☐ $6a^2$ ☐ $\frac{3a^2}{2}$ ☐ $\frac{3a^2}{8}$ ☐ a^2

H1 H2 K2 b) Zeichne den Aufriss von dem Körper auf ein leeres Blatt, wenn a = 4 cm ist.
c) Zeichne den zusammengesetzten Körper als Obersicht von links ($v = \frac{1}{2}$, $\alpha = 45°$) im Maßstab 3 : 1.

H3 **509** Ordne der Pyramide die angegebenen Begriffe richtig zu:

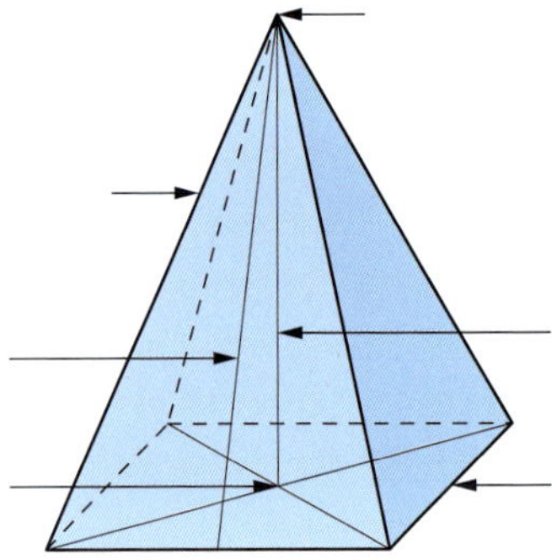

Fußpunkt
Körperhöhe
Grundkante
Spitze
Seitenkante
Seitenflächenhöhe

H1 H3 **510** Die unterschiedlichen Pyramiden werden aus verschiedenen Blickrichtungen betrachtet.

a) Ordne jeder Pyramide die richtige Bezeichnung zu. Schreib dazu den richtigen Buchstaben zur Pyramide.

A ..... regelmäßige dreiseitige Pyramide
B ..... quadratische Pyramide
C ..... rechteckige Pyramide
D ..... regelmäßige sechsseitige Pramide

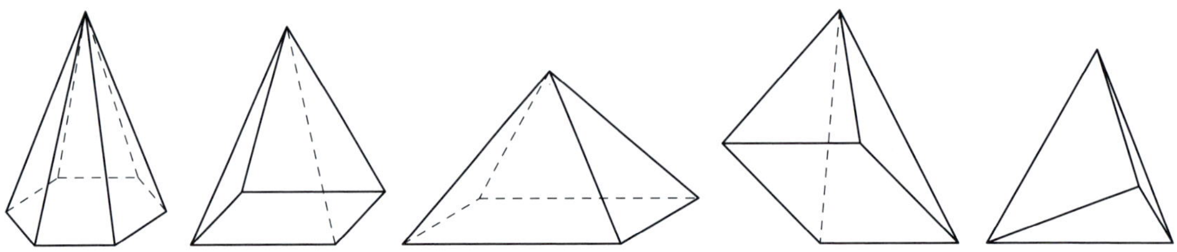

b) Gib unter jeder Pyramide an, von wo aus du sie siehst. (oben-rechts, oben-links, unten-rechts oder unten-links)

c) Hebe alle sichtbaren Grundflächen farbig hervor.

H1 H2 H3 **511** Wie groß ist das Volumen der gegebenen Pyramide? Kreuze an:

a) quadratische Pyramide:
$a = 25$ cm; $h = 30$ cm

☐ (1) 750 cm^3 ☐ (2) 2 500 cm^3
☐ (3) 6 250 cm^3 ☐ (4) 18 750 cm^3

b) rechteckige Pyramide:
$a = 72$ mm; $b = 48$ mm; $h = 55$ mm

☐ (1) 190 080 mm^3 ☐ (2) 126 720 mm^3
☐ (3) 95 040 mm^3 ☐ (4) 63 360 mm^3

K I3 H2 K1 **512** a) Berechne das Volumen der quadratischen Pyramide aus Eichenholz (Maße in cm).

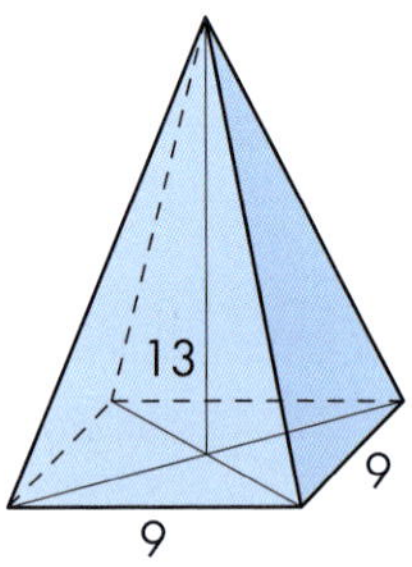

H2 K1 b) Bestimme die Masse der Pyramide, wenn die Dichte (ρ) des verwendeten Holzes 0,78 g/cm^3 ist.

H3 K1 c) Schätze die Masse für diese Pyramide ab, wenn sie aus Aluminium ($\rho = 2{,}7\ g/cm^3$) besteht. Kreuze an:

☐ ca. 0,5 kg ☐ ca. 750 g ☐ ca. 1 kg ☐ ca. 1 200 g ☐ ca. 2 kg

H1 H2 **513** Vervollständige den Schrägriss der quadratischen Pyramide! Beachte die Sichtbarkeit der Kanten.

a)

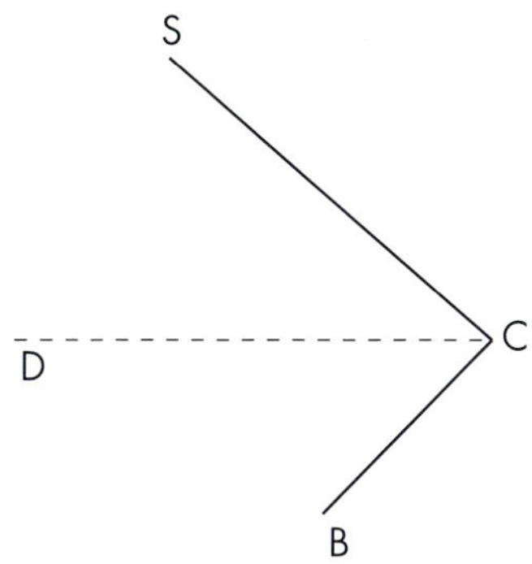

b)

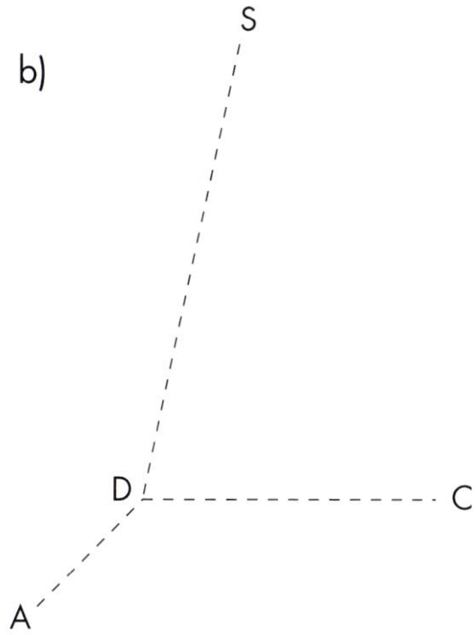

c)

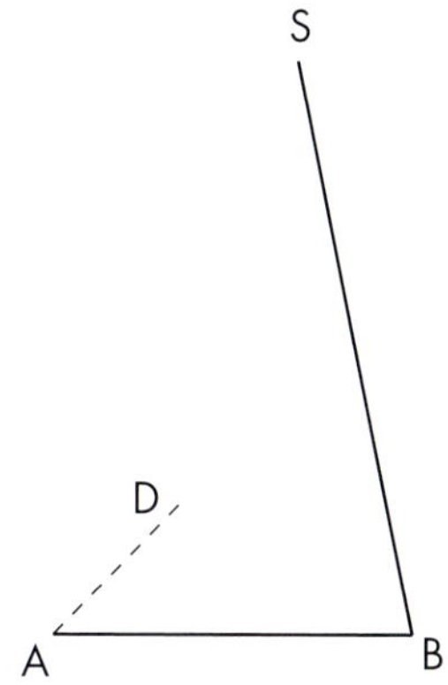

Level 1

H1 H2 **514** Der Grund- und Aufriss einer a) quadratischen, b) rechteckigen Pyramide sind gegeben. Entnimm dem Grund- und Aufriss die nötigen Längen und zeichne sie im Schrägriss ($\alpha = 45°$; $v = \frac{1}{2}$) in dein Heft.

a)

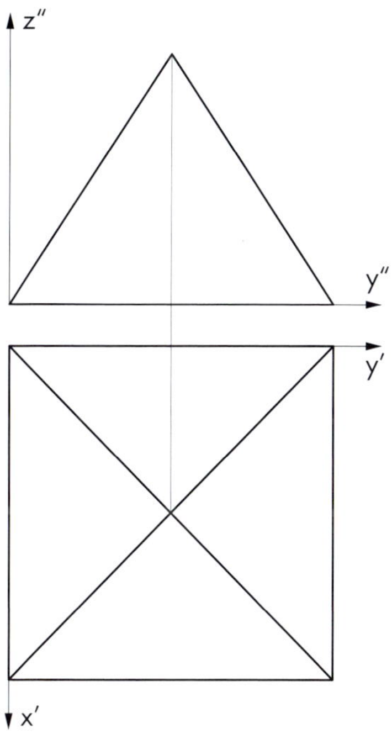

b)

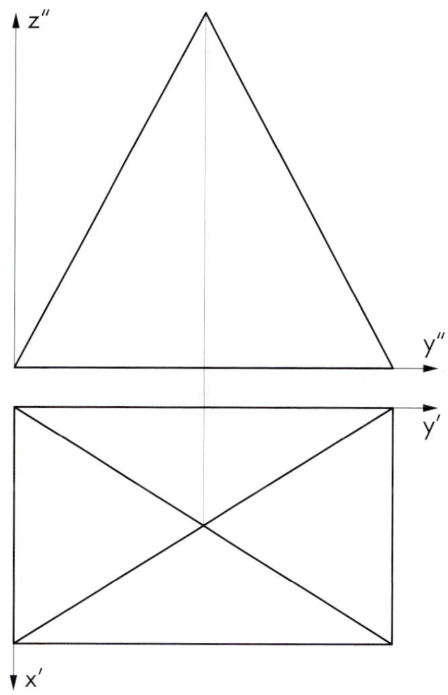

K I3 H3 K1 **515** a) Um welche Pyramide handelt es sich? Kreuze an:

- ☐ dreiseitige Pyramide
- ☐ quadratische Pyramide
- ☐ rechteckige Pyramide
- ☐ trapezförmige Pyramide

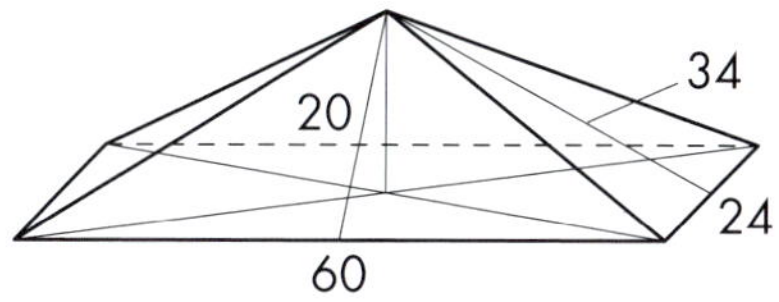

H1 H2 K1 b) Zeichne das Netz der Pyramide in dein Heft (Maße in mm).

c) Berechne den Oberflächeninhalt der gegebenen Pyramide.

Level 2

H1 H2 H3 **516** Ein Quader mit aufgesetzter Pyramide wird zuerst um 90° nach rechts gekippt und danach 90° im Uhrzeigersinn nach vorne gedreht. Zeichne mit freier Hand jeweils die Endlage des Quaders mit der aufgesetzten Pyramide.
Wo befinden sich jeweils die farbigen Flächen? Färbe sie, falls sie sichtbar sind.

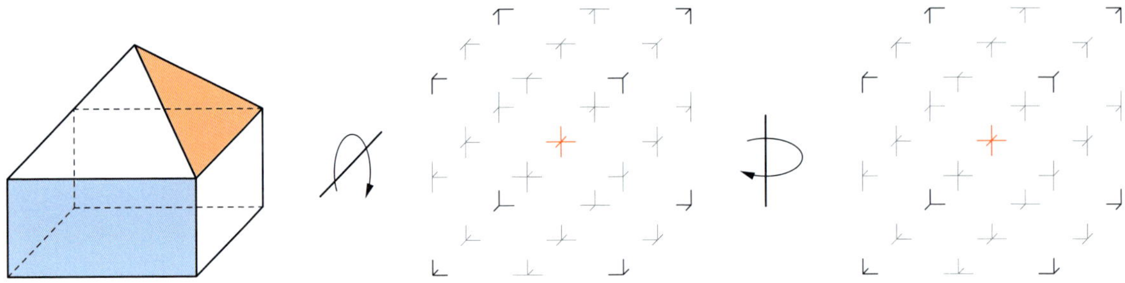

Gibt es Flächen, die bei keiner der Darstellungen sichtbar sind? Wenn ja, welche? ______________________

____

H1 H3 **517** Kreuze an, aus welchen Netzen sich eine Pyramide falten lässt:

☐ a)

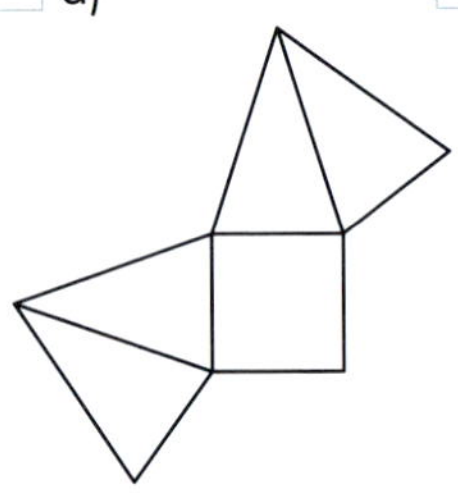

☐ b)

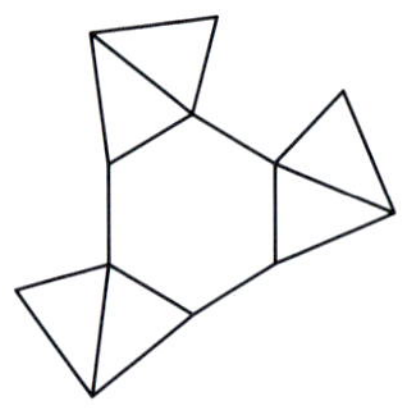

☐ c)

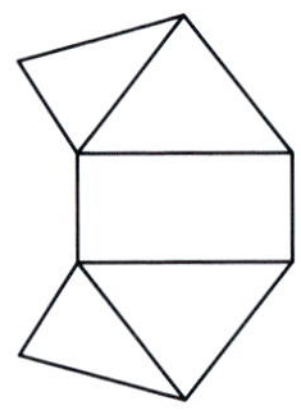

☐ d)

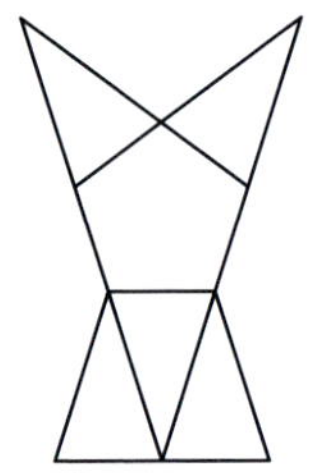

☐ e)

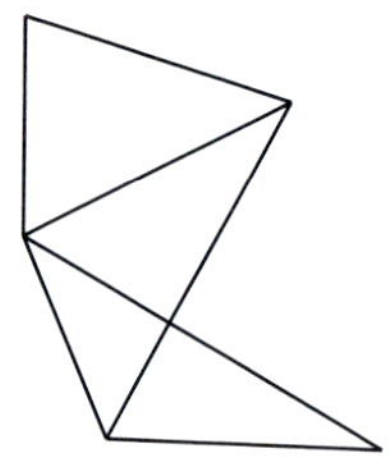

H4 Begründe deine Entscheidungen: ______________________________

____

H1 H2 **518** Der Inhalt der Mantelfläche einer regelmäßigen quadratischen Pyramide beträgt 2 880 cm^2.
Die Höhe der Seitenfläche beträgt 48 cm.

a) Berechne den Oberflächeninhalt der Pyramide.

H3 b) Wie groß ist der Inhalt der Mantelfläche, wenn man Grundkante und Seitenflächenhöhe drittelt?

Kreuze an:

☐ 480 cm^2 ☐ 320 cm^2 ☐ 960 cm^2 ☐ 420 cm^2 ☐ 630 cm^2

K I3 H2 K2 **519** Bei dem abgebildeten Körper ist aus einem Würfel (a = 10 cm) eine 9 cm hohe Pyramide herausgefräst, sodass auf jeder Seite 1 cm Rand bleibt.

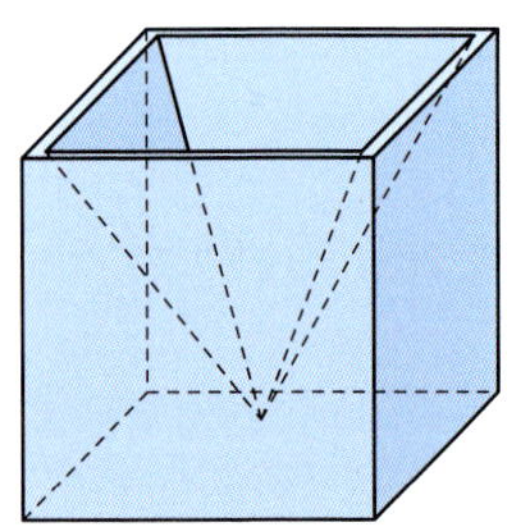

a) Wie groß ist das Volumen des Körpers?

H1 H3 K2 b) Stelle dir vor, es wird auf jeder Würfelseite eine Pyramide herausgeschnitten, sodass sich die Spitzen genau in der Mitte treffen. Die Grundfläche soll wie vorhin bleiben.
Wie viel Prozent des ursprünglichen Würfelvolumens würden ungefähr noch vorhanden sein? Schätze:

☐ ca. 45 % ☐ ca. 35 % ☐ ca. 25 % ☐ ca. 15 % ☐ ca. 5 %

H2 K2 c) Überprüfe deine Schätzung, indem du das Restvolumen berechnest.

H1 H3 **520** Der Grund- und Aufriss einer rechteckigen Pyramide sind gegeben.
Entnimm dem Grund- und Aufriss die nötigen Längen und zeichne diese im vorgegebenen Koordinatensystem im Schrägriss ein ($v_x = \frac{1}{2}$).

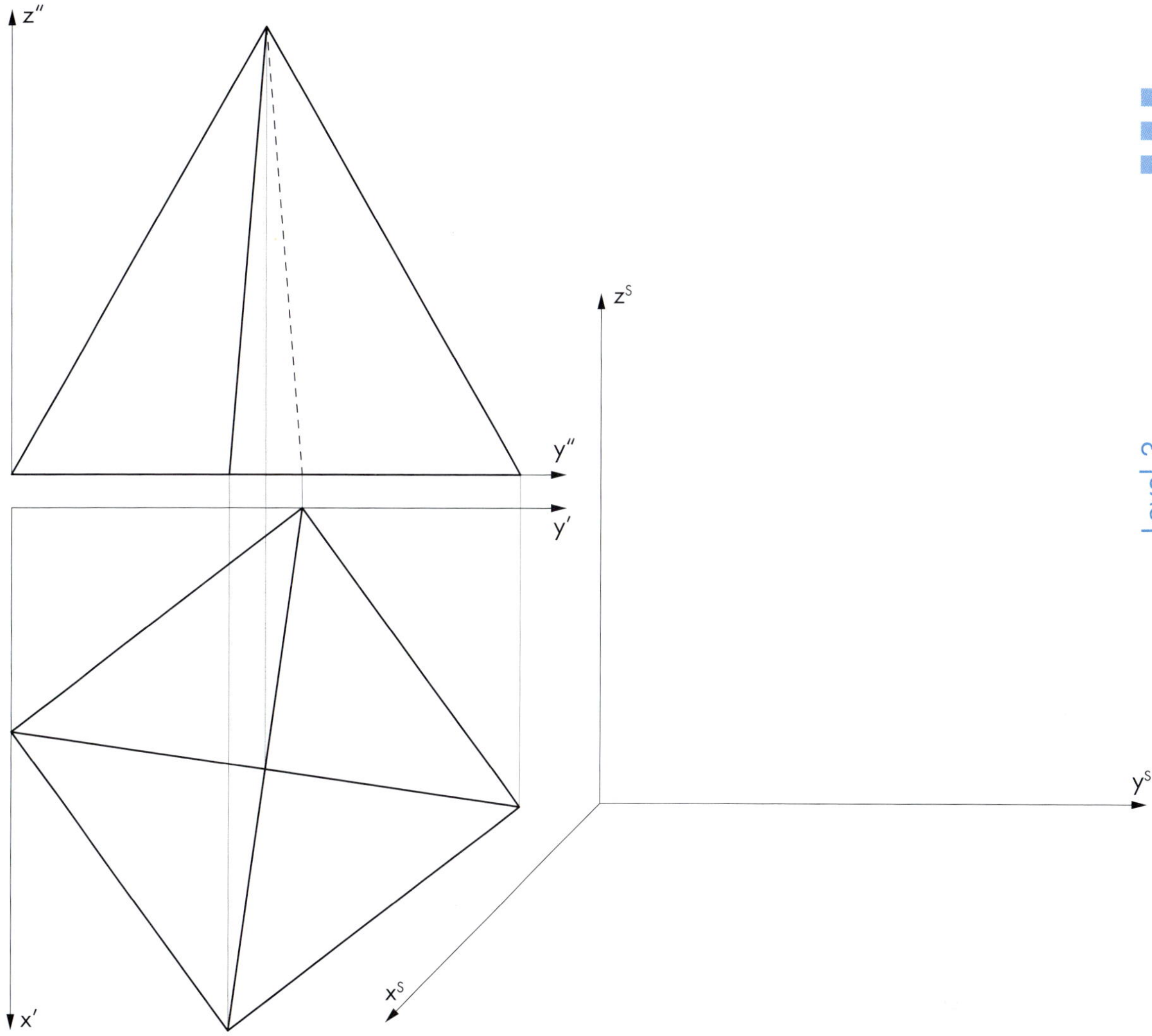

K I3 H1 H4 K3 **521** a) Auf jede Seite eines Würfels mit der Kantenlänge a wird eine gerade Pyramide mit der Körperhöhe h aufgesetzt. Luca soll das Volumen des zusammengesetzten Körpers allgemein berechnen. Chiara erklärt ihrem Bruder Luca, dass er das Volumen ganz einfach berechnen kann: „Du brauchst nur die Gesamthöhe des zusammengesetzten Körpers, also von der Spitze der unteren Pyramide bis zur Spitze der oberen Pyramide, mit der Grundfläche des Würfels multiplizieren.“
Zeige bzw. erkläre, wie Chiara auf diese Formel kommt und warum sie damit recht hat.

H1 H3 K3 b) Mit welchen Formeln kannst du den Oberflächeninhalt des zusammengesetzten Körpers berechnen? Kreuze an:

- ☐ (1) $O = 4 \cdot \frac{a}{2} \cdot h_a \cdot 6$
- ☐ (2) $O = 6 \cdot a^2 + 12 \cdot a \cdot h_a$
- ☐ (3) $O = 6 \cdot a^2 \cdot h_a$
- ☐ (4) $O = a^3 + 24 \cdot \frac{a \cdot h_a}{2}$
- ☐ (5) $O = 12ah_a$
- ☐ (6) $O = a^2 + 6 \cdot \frac{a^2 \cdot h_a}{3}$

H1 H2 **522** Auf dem Bauernmarkt kann man verschiedene Obstsorten kaufen.

a) Erstelle für folgende Sorten eine Wertetabelle für den Zusammenhang von Preis und Menge zwischen 1 und 10 kg. Die Preise sind Kilopreise. (Äpfel: 2,30 €; Bananen: 1,70 €; Pfirsiche: 3,10 €)

	1 kg	2 kg	3 kg	4 kg	5 kg	6 kg	7 kg	8 kg	9 kg	10 kg
Äpfel										
Bananen										
Pfirsiche										

b) Stelle die drei Preisverläufe in einem Liniendiagramm dar. Wähle selbst geeignete Einheiten!

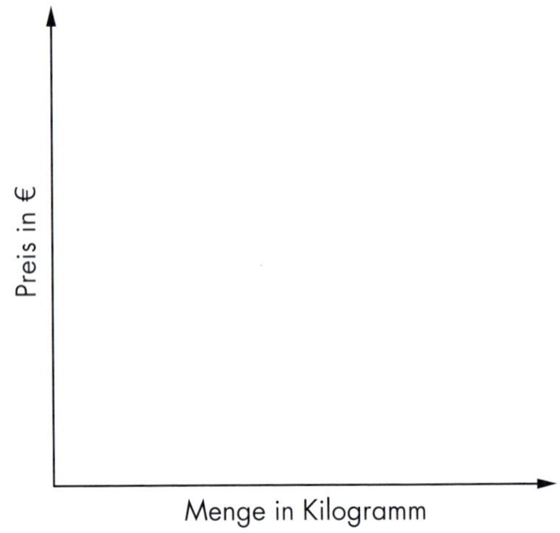

K I4 H1 H2 K2 **523** Die Formel für einen linearen Zunahmeprozess lautet:

a) $y = 0{,}55 \cdot x$ b) $y = \frac{3}{5} \cdot x$

Erstelle eine Wertetabelle (x-Werte von 1 bis 8) und stelle die Prozesse grafisch dar. Wähle selbst geeignete Einheiten.

	x = 1	x = 2	x = 3	x = 4	x = 5	x = 6	x = 7	x = 8
a) $y = 0{,}55 \cdot x$								
b) $y = \frac{3}{5} \cdot x$								

H1 H3 **524** Die folgenden Diagramme zeigen lineare Zunahmeprozesse. Entnimm daraus die Formel. Wie lautet jeweils der Proportionalitätsfaktor?

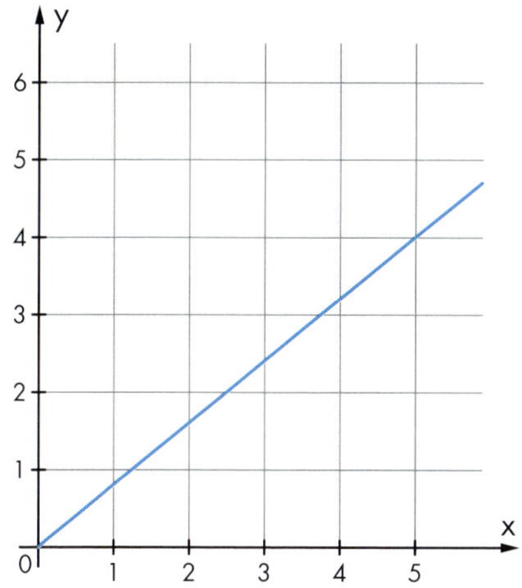

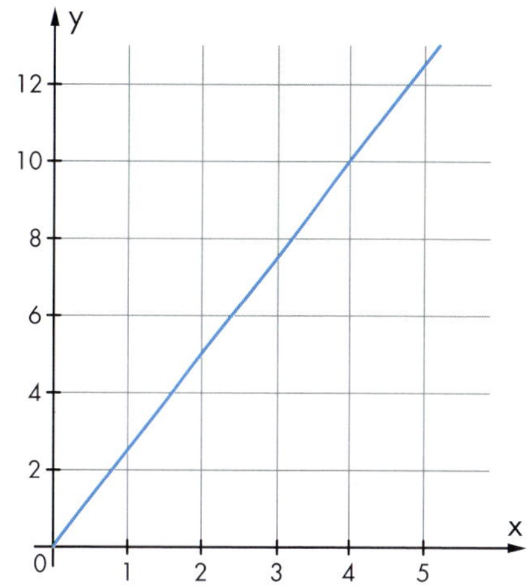

y =

k =

y =

k =

H1 H2 **525** Die monatliche Grundgebühr eines Handynetzbetreibers beträgt 7 €. Pro Minute kostet das Verbindungsentgelt 7 Cent in alle Netze. Stelle diesen Sachverhalt in einem Diagramm dar.

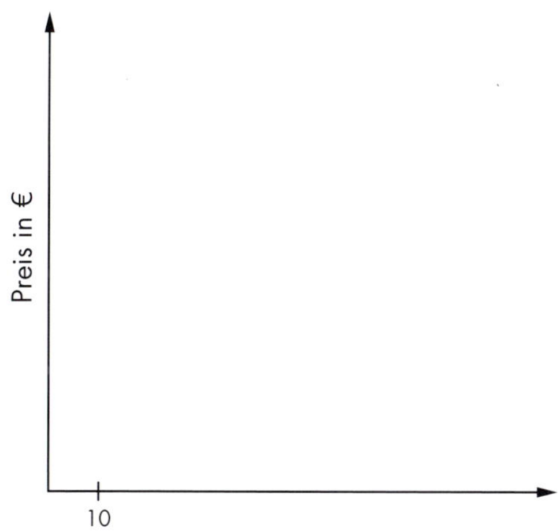

K I4 H3 K2 **526** Ferdinand ist seinem Bruder 100 € schuldig. Pro Monat zahlt er ihm 15 € zurück. Welche Formel drückt den jeweils aktuellen Schuldenstand richtig aus? Kreuze an!

- ☐ a) $S = 15m + 100$
- ☐ b) $S = 100 - 15m$
- ☐ c) $S = 100 + 15m$
- ☐ d) $S = 15m - 100$

Level 2

H3 H2 **527** Ein Flugzeug befindet sich in 11 000 m Höhe. Beim Landeanflug sinkt die Flughöhe pro Minute durchschnittlich um 800 m.

a) Stelle eine Formel zur Berechnung der Flughöhe auf.

h =

b) Stelle den Landeanflug grafisch dar.

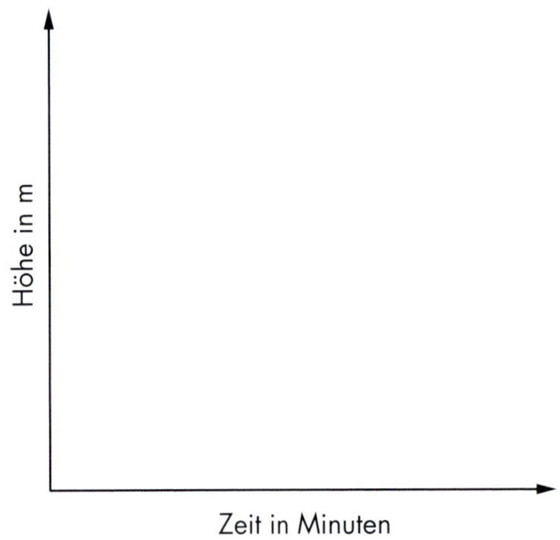

c) Wie lange dauert der Landeanflug (Höhe = 0 m)? Lies den entsprechenden Wert aus dem Diagramm ab.

Level 2

K I4 H3 H2 K2 **528** Im Diagramm ist die Zuordnung der Geschwindigkeit zur Länge des Bremsweges bei verschiedenen Straßenverhältnissen dargestellt.

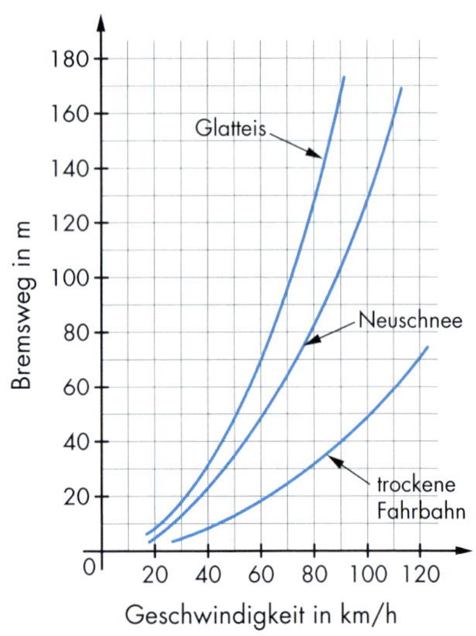

a) Ein Auto fährt mit 60 km/h. Vergleiche die Länge des Bremsweges bei trockener Fahrbahn mit jener bei Neuschnee!

b) Wie schnell darf man bei Glatteis höchstens fahren, damit man das Auto auf 50 m zum Stillstand bringen kann?

c) Bewirkt eine Verdoppelung der Geschwindigkeit auch eine Verdoppelung des Bremsweges?

H2 **529** Taxipreise haben manchmal eine komplizierte Staffelung. Während einer Fußballweltmeisterschaft war es einmal besonders kompliziert:

Der Grundfahrpreis betrug 2,90 €.
1) Die ersten fünf Kilometer kosteten 1,60 € pro Kilometer.
2) Vom sechsten bis zum zehnten Kilometer sind 1,40 € angefallen.
3) Ab dem zehnten kostete ein Kilometer 1,25 €.

Stelle diesen Sachverhalt grafisch dar und wähle selbst geeignete Einheiten.

Hinweis: Beginne nach jedem Abschnitt wieder mit Kilometer 1 und addiere den letzten Fahrpreis.

H1 H2 **530** Der Bestand des tropischen Regenwalds nimmt jährlich um 2 % ab. Im Jahre 2000 betrug er 1 500 Millionen Hektar. Erstelle eine Formel zur Berechnung des Waldbestandes und beantworte die Frage, wann der Baumbestand im Vergleich zum Jahr 2000 halbiert sein wird.

picturedesk.com/Science Photo Library

Hinweis: Denke an die Zinseszinsrechnung!

K I4 H3 H4 K2 **531** Wenn man in ein 10 cm hohes Glas, das zu 2 cm mit Wasser gefüllt ist, eine Metallkugel hineinwirft, steigt der Wasserspiegel um 5 mm. Wie viele Kugeln muss man hineinwerfen, bis das Wasser überläuft? Anna hat eine Formel erstellt, mit der man die Wasserstandshöhe im Glas in Abhängigkeit der eingeworfenen Kugeln ermitteln kann. Damit kann sie diese Frage leicht beantworten. Welche Formel hat Anna verwendet? (Für die Kugelanzahl verwendet sie die Variable a.)

- ☐ a) $h = 2 + 0{,}5a$
- ☐ b) $h = 5 + 10 + a$
- ☐ c) $h = 2 + 5a$
- ☐ d) $h = 2 - 0{,}5a$
- ☐ e) $h = 10 - 2{,}5a$

Begründe deine Antwort:

____

____

____

____

Ganze Zahlen 1 – Seite 6

1 a) 28° b) –17° c) 1° d) –7°
2 –9; –7; –4; –3; +2; +9
3 –55; –40; –10; +35; +40; +60
4 a)

Vorgänger	Zahl	Nachfolger
–23	–22	–21
+950	+951	+952

b)

Vorgänger	Zahl	Nachfolger
–101	–100	–99
+99	+100	+101

5 11°
6 a) –102; –100; –48; +23; +39
b) –63; –62; +1; +28; +57; +58
7 a) 95 b) 72 c) 25 d) 11
8 +13; –28
9 a) > b) > c) < d) <
10 a) 48 b) 1 c) 25
11

Sinnvolle Antworten erwähnen, dass die notwendige Zahlengerade mindestens 12 cm lang sein muss, wenn man als Einheit 1 cm verwendet.
12 a) 13 b) 450 c) 4 173 d) 821
13 a) –11 b) –38 c) –54 d) –20
14 a) –17 b) –78 c) 1 d) 0
15 a) –14 b) –270 c) –108
16 a) –6 735 b) –112 c) 41 976
17 c) 18 a) 198 b) –207
19 a) (–12) – x = 34; x = –46
b) (–23) + x = (–29); x = –6
c) (+37) – x = (+49); x = –12
20 a) und c) 21 a) x = 83 b) x = –15
22 d)

Dezimalzahlen – Seite 10

23 a) 195,49 ÜR 130 + 70 = 200
b) 365,854 ÜR 360 + 10 = 370
c) 141,923 ÜR 90 + 50 = 140
24 a) 32,76 b) 227,7 c) 485,52
25 a) 58,7618 km b) 87,151 kg
c) 37,4655 t d) 3,7197 km
26 a) r b) f c) r d) r e) r
27

	3,4	9,25	0,8	147,3	0,75
a)	10,2	27,75	2,4	441,9	2,25
b)	1,7	4,625	0,4	73,65	0,375
c)	340	925	80	14 730	75
d)	0,34	0,925	0,08	14,73	0,075

28 a) 12,9 b) 7,3 c) 104,8 d) 61,2
29 (13,4 + 28,2) > 5,2 · 7,6
41,6 > 39,52
30 a) r b) f c) r d) r
31 a) 13,5 – 1,2 · 8 + 5,2 : 2 = 6,5
b) (13,5 – 1,2) · 8 + 5,2 : 2 = 101
c) (13,5 –1,2 · 8 + 5,2) : 2 = 4,55
d) (13,5 – 1,2) · (8 + 5,2) : 2 = 81,18
32 69,408
33 keine zweite Möglichkeit
32,7 – 1,4 – 6,2 – 10,1 – 0,8 – 0,7 = 13,5

34 6,20 €
35
240,1
188,8 | 51,3
149,1 | 39,7 | 11,6
117,4 | 31,7 | 8 | 3,6
90,8 | 26,6 | 5,1 | 2,9 | 0,7
64,2 | 21,5 | 2,2 | 2,2
42,7 | 19,3 | 0
23,4 | 19,3
4,1

36 13,20 €
37 6,6 + 3,4 → 10 → 10,5 – 4,5 → 6 → 10,2 – 8,5 → 1,7 → 3,8 + 9,4 → 13,2 → 25,6 : 5 → 5,12 → 1,4 · 50 → 70 → 20 : 0,2 → 100 → 0,8 · 0,5 → 0,4 → 19 : 5 → 3,8 → 74,5 · 5,2 → 387,4
38 a) 11,18 b) 11,1 c) 54,15 d) 22,7
39 a) = b) < c) > d) <
40 c) und d)
41 $0,\dot{8}$ bedeutet 0,888888... und ist um mindestens 0,008 größer als 0,88.
42 a) $\frac{7}{9}$; $1\frac{4}{9}$ b) $1\frac{3}{9}$; $\frac{4}{33}$ c) $\frac{2}{15}$; $\frac{635}{999}$ d) $\frac{1}{18}$; $1\frac{1}{180}$

Ganze Zahlen 2 – Seite 14

43 a) –120 b) +240 c) + 60
44 a) –90 b) –165 c) –147
45 a) –50 b) 17 c) –27
46 a) 104 b) 154 c) 1 200
47 a) –32 b) 32 48 a) –36 b) 132
49 Das Produkt zweier ganzer Zahlen ist positiv, wenn beide das gleiche Vorzeichen haben und negativ, wenn sie verschiedene Vorzeichen haben.
zB (+3) · (+5) = (+15) oder (–7) · (–4) = (+28)
zB (–4) · (+5) = (–20)
50 a) –16 b) 5 c) 34
51 a) –8 b) 24 c) 14 374
52 a) –10 b) –11 53 a) 35 b) –1
54 a) –6 b) 8 55 a) 1 b) –30
56 a)
(–12 000 000)
(–6000) | 2000
60 | (–100) | (–20)
(–6) | (–10) | 10 | (–2)
(–3) | 2 | (–5) | (–2) | 1

b)
10 929 447 936
(–287 496) | (–38 016)
726 | (–396) | 96
(–22) | (–33) | 12 | 8
(–2) | 11 | (–3) | (–4) | (–2)

57 a) x = (–9) b) x = 7 c) x = (–21) d) x = 32
58 a) –7; Probe: 18 · (–7) = (–126)
b) –23; Probe: (–23) · (–11) = 253
c) 21; Probe: 21· (– 19) = (–399)
59 a) x = 12 b) a = (–2) c) b = (–80)
60 a) (–8) und (–2) b) (–180) und (–180) c) 28 und 7
61 a) 7 b) 38 c) 26
62 a) 2 b) 5 c) 37
63 Einfachste Lösung: 100 · 1 · 1 · (–1) = (–100)
Weitere Möglichkeiten: zB (– 4) · (–1) · (–5) · 5 = (–100)
Die Anzahl der negativen Zahlen muss ungerade sein, weil nur dann ein negatives Produkt entsteht.
64 a) 1 125 b) 37 65 a) (–63) b) 232
66 a) (–126) b) 146 67 a) 3 b) 72
68 a) (–5) und 1 b) 134 und 934
69 c)
70 zB (–300) : (–3) : 2 = 50; Es gibt noch viele weitere Möglichkeiten. Die Anzahl der negativen Zahlen muss allerdings gerade sein.

71 (–12) · x = 132; x = (–11)

72 a) (–12) + (–7) = (–7) + (–12) = (–19)
b) (–6) · (+9) = (+9) · (–6) = (–54)
Kommutativgesetz

73 a) (+6) · (–2) + (–10) · (–2) = [(+6) + (–10)] · (–2) = 8
b) (–12) : (–3) + (+21) : (–3) = [(–12) + (+21)] : (–3) = –3
Distributivgesetz

74 Das Kommutativgesetz gilt für die Addition und die Multiplikation und besagt, dass man die Summanden bzw. die Faktoren vertauschen kann und das Ergebnis trotzdem gleich bleibt.

75

–4	–12	–17	68	66	73	36,5
–7	–21	–26	104	102	109	54,5
0	0	–5	20	18	25	12,5
4	12	7	–28	–30	–23	–11,5
7	21	16	–64	–66	–59	–29,5

Je größer die Zahl, desto kleiner wird das Ergebnis.

76 a) (–5) b) (–22) **77** a) (–7) b) (+5)

78 (3 + 1) – 45 : 3 +22 : 2 = 4 – 15 + 11 = 0

Rechtwinkliges Koordinatensystem – Seite 20

Die Abbildungen sind verkleinert dargestellt.

79 A (5/–3); B (–10/–3); C (11/–2); E (0/7); F (8/5); L (0/–3); M (0/–7); N (5/–9); R (9/9); S (–11/2); T (–4/4); U (–3/9); V (5/3); W (–8/11)

80

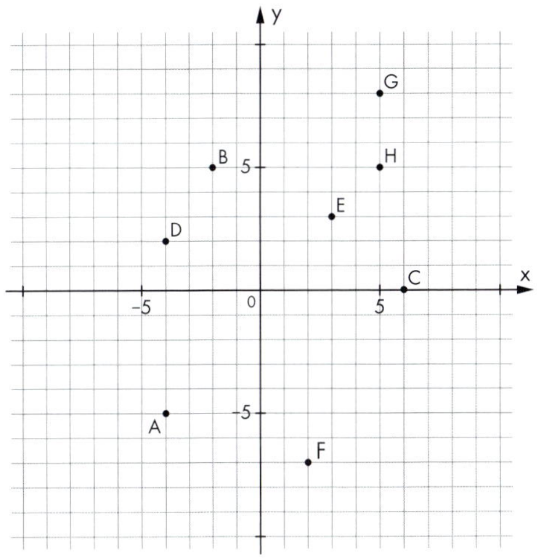

81 H → 4. Quadrant; K → 2. Quadrant; L → 1. Quadrant; M → 3. Quadrant; N → nicht eindeutig zuordenbar (zwischen 1. und 2. Quadranten)

82 C (3/2)

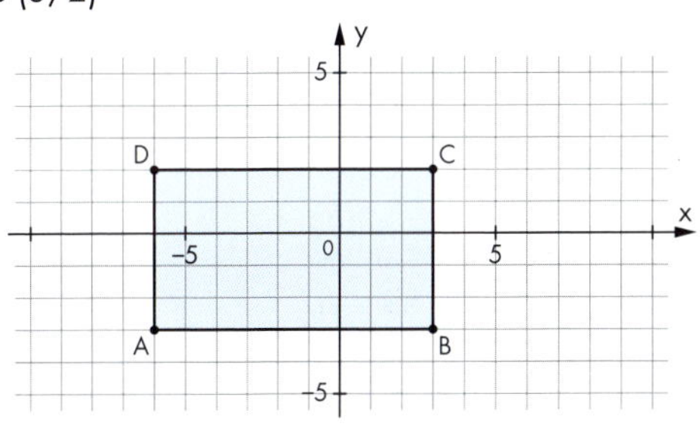

83 B (5/0) D (0/5)
D muss die gleiche y-Koordinate wie C haben, weil dies auch bei A und B der Fall ist. Außerdem muss C die gleiche x-Koordinate wie B haben, weil A und D dies auch haben.

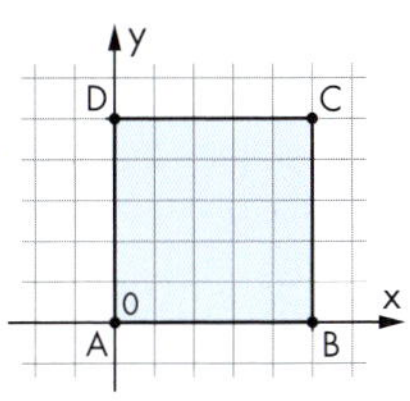

84 C (2/3); D (–1/2)

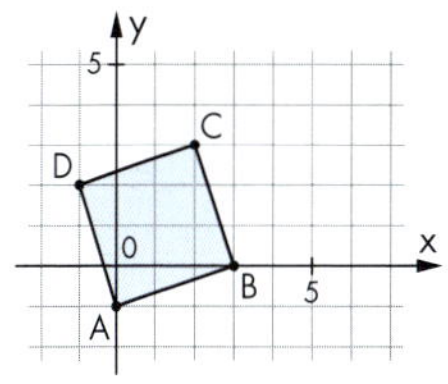

85 C (3/2)
Da in einem Parallelogramm die Strecke AB parallel zu CD sein muss und A und B die gleiche y-Koordinate haben, muss das auch bei C und D so sein.

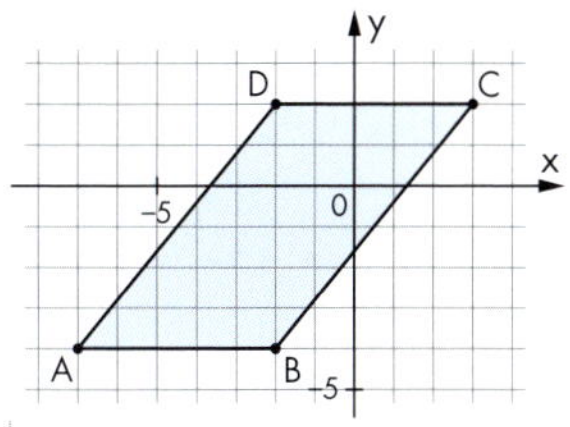

86

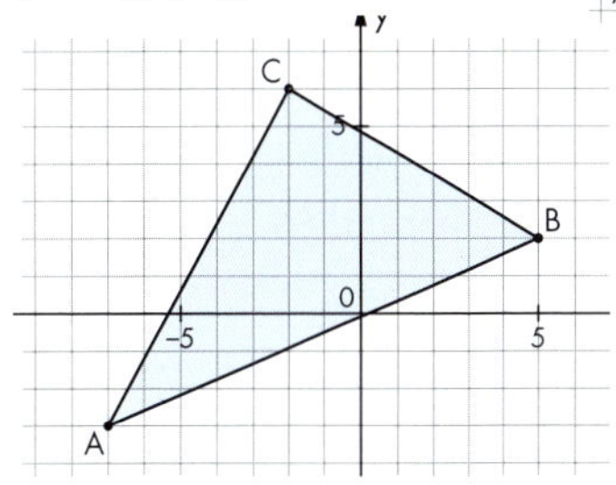

87 U (ca. –2/ca. 3,5)

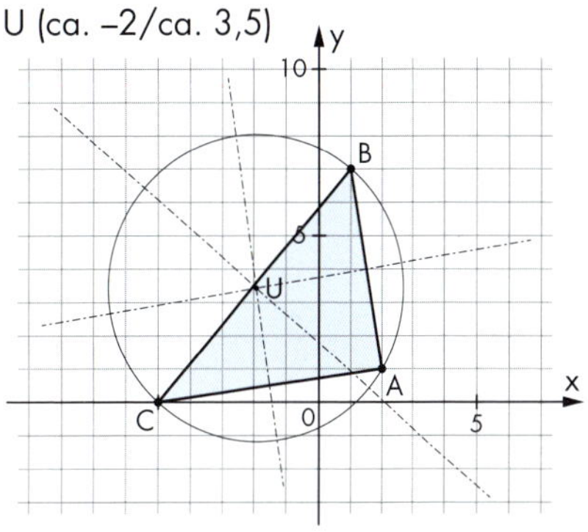

U muss innerhalb des Dreiecks liegen, weil es ein spitzwinkliges Dreieck ist.

88

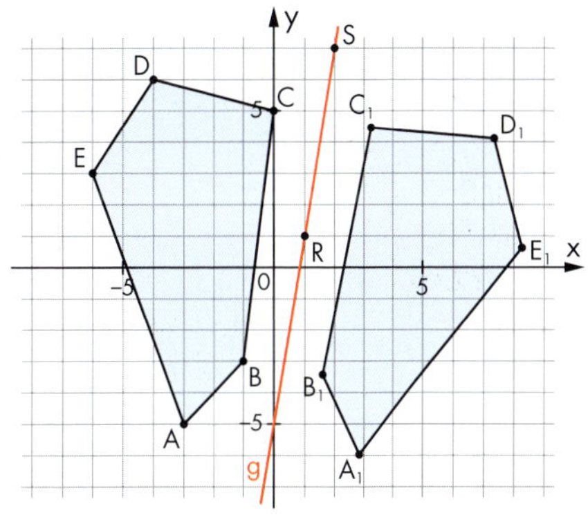

89 A' (6/9); B' (10/4); C' (2/1); D' (–5/2); E' (–4/5); F' (–9/2); G' (–3/11)
Die gespiegelten Punkte unterscheiden sich nur durch die y-Koordinate, die das gegenteilige Vorzeichen hat.

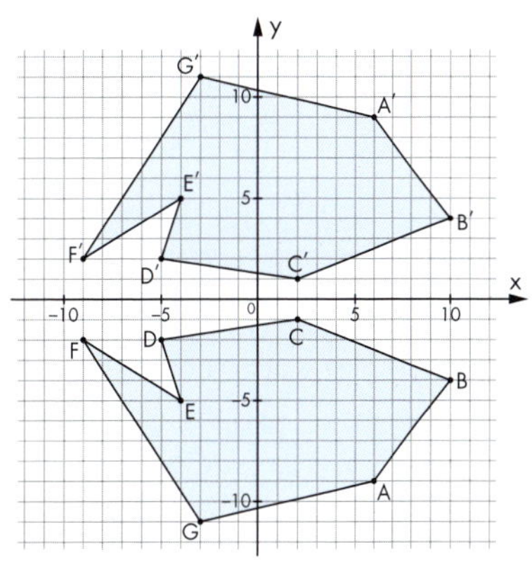

90 E (–1/–7); F (7/1)

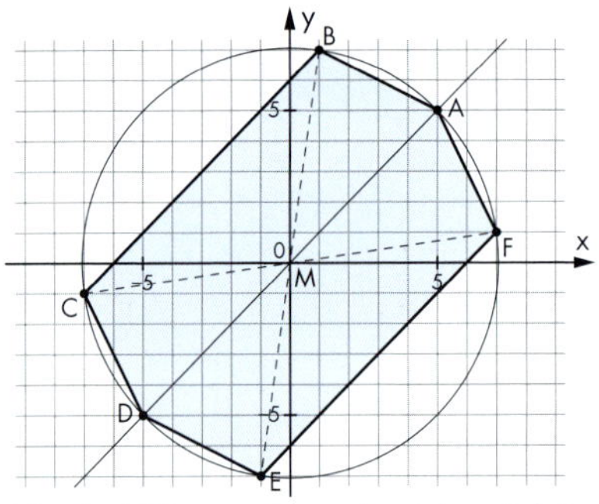

Alle drei Diagonalen schneiden sich in einem Punkt (0/0) und haben die Länge 14,14 cm. Daher gibt es einen Umkreis.

91 S (–3/–2)

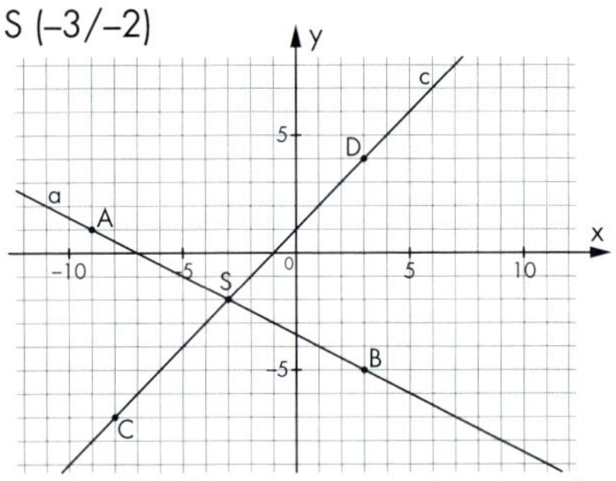

92 Ja, die Abbildung passt zu den Angaben. Die Diagonalen eines Quadrats halbieren sich und stehen aufeinander normal.

Bruchzahlen – Seite 26

93 a), b) und d)

94 a) $\frac{5}{6}$ b) nicht kürzbar c) $\frac{1}{4}$ d) $\frac{4}{5}$ e) nicht kürzbar

95 $\frac{36}{72} = \frac{1}{2}$; $3\frac{7}{8} = \frac{31}{8}$; $\frac{52}{13} = 4 = \frac{36}{9}$

96 a) > b) > c) < d) > e) < f) <

97 a) $\frac{8}{10} > \frac{8}{12} > \frac{4}{12}$ b) $\frac{8}{10} > \frac{9}{12} > \frac{3}{6}$ c) $\frac{3}{5} > \frac{8}{15} > \frac{4}{9}$

98 a) $5\frac{3}{5}$; $2\frac{7}{15}$ b) 1; $1\frac{3}{10}$ c) $1\frac{1}{5}$; $4\frac{7}{10}$ d) $2\frac{3}{10}$; $3\frac{29}{50}$

99 a) 4; 2 b) 8; $\frac{4}{5}$ c) $1\frac{13}{50}$; $6\frac{1}{2}$ d) $1\frac{3}{5}$; $1\frac{1}{3}$

100 a) $\frac{9}{10}$; $\frac{13}{90}$ b) $\frac{1}{5}$; $\frac{1}{5}$ c) $1\frac{9}{10}$; $\frac{1}{16}$ d) $1\frac{4}{15}$; $\frac{2}{3}$

101 a) $\frac{2}{3}$; $\frac{2}{9}$ b) $1\frac{1}{9}$; $\frac{1}{75}$ c) $\frac{1}{20}$; $\frac{1}{8}$ d) $\frac{2}{15}$; $\frac{5}{41}$

102 a) $3\frac{3}{5}$; 78 b) $14\frac{2}{5}$; 11 c) $7\frac{3}{5}$; 37 d) $\frac{7}{8}$; 140

103 a) $1\frac{5}{6}$ b) $20\frac{3}{25}$ c) $3\frac{5}{6}$ d) $2\frac{11}{18}$

104 a) z = 1 b) z = 4 c) z = 11

105 a) $2\frac{4}{5}$; $\frac{18}{25}$ b) 175; 165 c) $\frac{187}{200}$; $\frac{21}{100}$ d) 1; $\frac{1}{100}$

106

1 (1)	1 (2)	2 (3)		2 (4)	3 (5)
1 (6)	6	8		0	0
0		5		8 (7)	0
	1 (8)		2 (9)		
1 (10)	0	0		7 (11)	7 (12)
2 (13)	0	1		2	7

107 a) $\frac{\frac{8}{10}}{\frac{6}{5}} = \frac{2}{3}$; $\frac{\frac{8}{12}}{\frac{2}{3}} = 1$ b) $\frac{\frac{8}{12}}{\frac{10}{6}} = \frac{2}{5}$; $\frac{\frac{7}{25}}{\frac{1}{5}} = 1\frac{2}{5}$

c) $\frac{\frac{15}{100}}{\frac{6}{10}} = \frac{1}{4}$; $\frac{\frac{9}{12}}{\frac{3}{14}} = 3\frac{1}{2}$ d) $\frac{\frac{7}{15}}{\frac{21}{30}} = \frac{2}{3}$; $\frac{\frac{2}{10}}{\frac{26}{40}} = \frac{4}{13}$

108 a) $\frac{2}{7}$ b) $\frac{2}{9}$ c) $1\frac{1}{9}$ d) $\frac{2}{15}$

109 zB: $\frac{7}{8} = \frac{\frac{7}{13}}{\frac{8}{13}} = \frac{\frac{7}{4}}{2} = \frac{\frac{5}{8}}{\frac{5}{7}}$

110 $\frac{7}{8} = \frac{21}{24} = \frac{1}{\frac{8}{7}} = \frac{\frac{21}{8}}{\frac{24}{8}} = \frac{\frac{14}{2}}{\frac{24}{3}}$ sowie $\frac{7}{4} = \frac{\frac{7}{2}}{\frac{8}{4}}$

111 $1,75 = 1\frac{6}{8} < 2\frac{8}{10} < 2\frac{7}{8} < 3,99 < 4\frac{19}{20}$

Rationale Zahlen – Seite 30

112 a) zB 4,2; 5,3; 5,99 b) zB –2,87; 0; 1,3456
c) zB –5,4; –2,1; –1,009

113 a) +16,2°; +12,2°; –8°; –24,5°
b) +8,6°; +3,5°; 0°; –12,6°
c) 34,6°; 34,2°; 23,5°; –34,1°
d) +3,5°; +3,4°; –3,5°; –5,3°

114 $+\frac{52}{13} = 4$, $\frac{36}{9} = 4$, $-\frac{31}{8} = -3\frac{7}{8}$

115 a) <; < b) <; < c) >; >

116 a) f b) f c) f d) r

117 a) 6,5 b) 8 c) –1 d) –5,5

118 a) < b) < c) <

119

	3	–3	0	$-3\frac{2}{7}$	–8	+3,6
ℕ	X		X			
ℤ	X	X	X		X	
ℚ	X	X	X	X	X	X

120 a) –4,5; +4 b) $+2\frac{2}{7}$; –4,04 c) +14; $-2\frac{5}{8}$ d) –3,69; +6,6

121

x	–2	+2	+4,4	–3,78	$-2\frac{3}{10}$	+8,09
| x |	2	2	4,4	3,78	2,3	8,09

122 a) f b) f c) f d) f

123 a) 0,4 b) 12,2 c) –1,3 d) 8,5

124 a) 2 b) $2\frac{2}{5}$ c) –2 d) $1\frac{1}{10}$ e) 3 f) $-4\frac{1}{4}$

125 a) y = + 22,5 b) y = +11,4 c) y = +1,2

126 a) –2,4 b) +1,2 c) –21,5 d) +10,8

127 Ein Drittel von 1 025,50 € ist ungefähr 341,84 €, somit bleiben vom Gehalt 683,66 € übrig. Mit den 720,50 € auf dem Konto sind das 1 404,16 €. Anna hat also recht. Imre hat sich allerdings verrechnet, weil die Hälfte von 1 404,16 € nur 702,08 € beträgt. Wenn Imre den Computer kauft, bleibt ihm weniger als die Hälfte.

128 b) ist richtig
Ein Teil einer positiven Zahl ist immer positiv und das Vielfache einer negativen Zahl immer negativ. Daher muss die Hälfte von 4,6 größer sein.

129 Beispiel a) wurde richtig gelöst. Bei Aufgabe b) ist ein Fehler bei der Multiplikation von (+2,4) · (–0,2). Hier müsste (–0,48) stehen und nicht (+0,48).

130 Das arithmetische Mittel beträgt –6,78 °C.

131 a) $-\frac{3}{25}$ b) $+\frac{1}{18}$ c) $-3\frac{3}{5}$

132 a) und d) haben dasselbe Ergebnis

Flächeninhalt 1 – Seite 34

133 a) u = 140 cm A = 1 081 cm^2
b) u = 152 m A = 1 444 m^2

134 Beschriftung muss gegen den Uhrzeigersinn erfolgen, Seiten gegenüber den Eckpunkten, Winkel mit α, β, γ bei den Eckpunkten einzeichnen.

135

α	37°	72°	37°	42°
β	50°	48°	77°	48°
γ	93°	60°	66°	90°

Die Winkelsumme ist 180°.

136 a) $a = 81$ m b) $a = 15$ m

137 a) $A = 609\ cm^2$ b) $A = 2\,044\ m^2$

138 b) c) d)

139 a) $h_c = 4{,}5$ cm $A = 8{,}54\ cm^2$
b) $h_c = 3{,}1$ cm $A = 7{,}40\ cm^2$

140 a) $b = 58$ cm b) $a = 39$ m

141 a) $A = 9{,}36\ cm^2$ b) $A = 224\ dm^2$

142 Winkel, Seiten

143 b)

144 a) $A = 72\ cm^2$ b) $A = 40\ cm^2$
c) $A = 22\ cm^2$ d) $A = 63\ cm^2$ e) $A = 120\ cm^2$

145 $A = 576\ cm^2$ 146 $A = 8{,}25\ cm^2$

147 a) $A = 107{,}5\ cm^2$ b) $A = 382{,}5\ m^2$

148 $h = 56$ cm 149 rechtwinklig

150 $h_c = 3{,}6$ cm $a = 4{,}3$ cm $u = 14{,}7$ cm $A = 10{,}08\ cm^2$

151 a) $h = 46$ m b) $a = 65$ dm

152 Durch eine Zeichnung ist schnell erkennbar, dass dies nicht der Fall ist.

153 $u = 16{,}9$ cm $A = 12{,}07\ cm^2$

154 a) halbiert sich b) verdreifacht sich

155 375 m^2

156 $h_c = 3{,}4$ cm $u = 11{,}7$ cm $A = 6{,}63\ cm^2$
oder: $h_c = 3{,}3$ cm $v = 11{,}7$ cm $A = 6{,}435\ cm^2$

157 $h = 140{,}8$ m

158 a) 72° b) 60° c) 45° d) 36°

159 r; r; f

160 Kontrolliere, ob H, S und U auf einer Geraden liegen.

161 $O = 1\,785\ cm^2$ 162 7,2 km

163 Winkelsymmetralen, Seitensymmetralen, gegenüberliegenden Eckpunkt

Potenzen – Seite 40

164 a) 8^3; 7^3; 9^2; 12^2 b) 5^4; $(-4)^3$; 6^4; $(-8)^3$
c) 3^4; 2^5; $(-7)^2$; 11^4

165 a) 9; 49; 125; 36 b) 64; 81; 27; 16
c) 25; 100; 64; 8

166 a) 49; 4 900; 490 000 b) 196; 19 600; 1 960 000
c) 64; 6 400; 640 000

167 a) 0,36; 0,0036; 0,000036
b) 0,0144; 1,44; 0,000144
c) 0,09; 0,0009; 0,000009

168 $13^2 = 169$; $16^2 = 256$; $12^2 = 144$; $15^2 = 225$; $18^2 = 324$; $14^2 = 196$; $17^2 = 289$; $19^2 = 361$

169 a) f; r; r; f b) r; r; r; f c) f; r; r; f

170 8 Lagen; 16 Lagen; 64 Lagen

171 a) 1000; 10^4; 10 000 000 000; 10^8
b) 10^3; 10^5; 10^7; 100 000
c) 10 000; 10 000 000; 10^2; 10^{11}

172 a) $3 \cdot 10^5$; $4 \cdot 10^4$; $7 \cdot 10^3$; $8 \cdot 10^5$
b) 10^6; $7 \cdot 10^6$; $4 \cdot 10^7$; $6 \cdot 10^8$

173 a) $88 \cdot 10^3$; $58 \cdot 10^2$; $75 \cdot 10^3$; $12 \cdot 10^2$
b) $14 \cdot 10^4$; $23 \cdot 10^6$; $87 \cdot 10^4$; $36 \cdot 10^6$

174 a) 5 000; 300; 43 000 000; 550 000 000
b) 800 000; 120 000; 72 000; 2 400

175 a–3; b–1; c–4; d–3; e–5

176 a) >; <; > b) >; >; >

177 … wenn die Hochzahl eine gerade Zahl ist
… wenn die Hochzahl eine ungerade Zahl ist

178 a) 10^8; $42 \cdot 10^{11}$; $14 \cdot 10^7$
b) $-12 \cdot 10^5$; $44 \cdot 10^{10}$; $-45{,}5 \cdot 10^{10}$

179 a) 10^4; 10^6; 10^4; 10^4
b) $5 \cdot 10^2$; $9 \cdot 10^3$; $8 \cdot 10^2$; $6 \cdot 10$

180 1; 2; 4; 8; 32; 256; 4 096; 32 768; 1 048 576; 4 194 304; 33 554 432; 1 073 741 824; 8 589 934 592; 34 359 738 370; 1 099 511 628 000

181 385 000; 38 000 000; 401 000 000; 150 000 000; 968 000 000; 2 900 000 000

182 a) y^3; m^3i^2; $8e^3$; $16b^2$; 225xy
b) f^5; $(-w)^4$; $27u^3$; $441g^2h^2$; $48a^3$

183 alternativmedizinische Behandlungsmethode
D 1 : 10 C 1 : 100 Q 1 : 50 000

184 a) $\frac{4}{9}$; $-\frac{144}{225}$; $\frac{324}{361}$ b) $\frac{16}{25}$; $-\frac{64}{121}$; $\frac{100}{625}$; c) $\frac{49}{64}$; $\frac{144}{169}$; $\frac{196}{289}$

185 $454 \cdot 10^7$; $64 \cdot 10^2$; $1\,496 \cdot 10^5$; $5\,975 \cdot 10^{21}$; $7\,164{,}2618 \cdot 10^6$

186 a) $2{,}43 \cdot 10^8$; $7{,}5 \cdot 10^{10}$; $1{,}9 \cdot 10^6$
b) $1{,}95 \cdot 10^7$; $2{,}654 \cdot 10^9$; $6{,}7 \cdot 10^{10}$

187 a) 1 260 000; 59 000; 2 980 000
b) 450 000 000; 380 000; 784 000 000

188 a) x^5; v^{z+y}; e^{a+b+c} b) a^{r+s}; s^{e+f+g}; k^{o+p}

189 a) a; v^{z-y}; s^{f-g} b) a^{r-s}; e^{a-b}; x^{2-3}

190 a^{x+y} a^{x-y} $a^{x \cdot y}$ Beispiele individuell

191 16 600 000 000 000; 15 700 000 000 000
Differenz: 900 000 000 000

192

Himmelskörper	Masse als Zahl in kg	Gleitkommadarstellung
Mars	641 900 000 000 000 000 000 000	$6{,}419 \cdot 10^{23}$ kg
Sonne	1 989 000 000 000 000 000 000 000 000 000	$1{,}989 \cdot 10^{30}$ kg
Jupiter	1 899 000 000 000 000 000 000 000 000	$1{,}899 \cdot 10^{27}$ kg
Saturn	568 500 000 000 000 000 000 000 000	$5{,}685 \cdot 10^{26}$ kg

193 a) $3c^2$; $8b^2$; $8m^2n$ b) 7v; $12e^3$; 9j

194 a) 15; 17; 13 b) 0,12; 0,3; 1,8
c) 1,4; 0,09; 0,7

195 Beide denken richtig, denn das Quadrieren ist die Umkehrung vom Wurzelziehen.

196 a) 6d; 11m; $0{,}16r^2$ b) 0,4e; 20z; 1,5p
c) $2k^2g$; 19j; 7p

197 a) $12 < \sqrt{150} < 13$ $14 < \sqrt{200} < 15$
b) $16 < \sqrt{280} < 17$ $7 < \sqrt{60} < 8$
c) $9 < \sqrt{90} < 10$ $17 < \sqrt{300} < 18$

198 a) $9b^2$ b) $144x^2y^2$ c) $625a^2$

199 a) $125c^3$ b) $64t^3z^3$ c) $27v^3w^3$

200 a) $9a^4b^6$; $4x^6y^6$; $27m^{15}n^{12}$
b) $8e^6f^9$; $49g^8h^6$; $512t^{21}z^{15}$

201 a) $\frac{4x^2}{25y^2}$; $\frac{64f^6}{125g^9}$; $\frac{4u^4}{49v^6}$ b) $\frac{9x^4}{4y^6}$; $\frac{25g^4}{36h^6}$; $\frac{27x^6}{64t^9}$

202 $1{,}34 \cdot 10^5$; $2{,}4 \cdot 10^7$

203 Basis, multipliziert, Hochzahlen, addiert, Potenzen, gleicher, dividiert, Exponenten, Potenz, multipliziert

Terme 1 – Seite 46

204 a) 15x + y b) 7e – d c) 4a + b d) 6z – 2z

205 a) 4s b) 3e + 2f c) 3g + 2v d) 4a + 2b

206 a) 15x b) 3m c) 6t d) 21s

207 a) t + z b) s + 5f c) a + 2b d) 2k + 2m

208 Sophie: x = 7 Jahre Martin: x + 4 = 11 Jahre
Mutter: 5x = 35 Jahre Vater: 5x + 5 = 40 Jahre
Oma: 10x = 70 Jahre Opa: 10x + 7 = 77 Jahre

209 c)

210 a)
b)

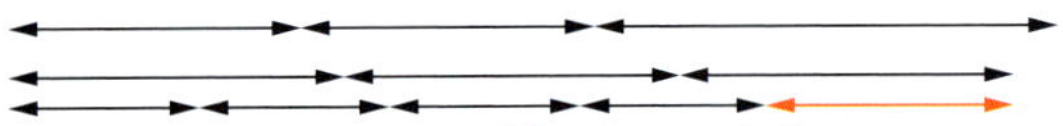

211 a) 1,8x – 0,6y b) –4,3a – 4,4b
c) –0,2e + 0,6f d) –1,7v – 2,2w

212 a) 3a 9 = 9 b) 1,1a 3,3 = 3,3

213 a) –x + 5y 3 = 3 b) 15x – 9y 21 = 21

214 a) 17a – 3b; 17a + 3b; 7a – 3b; 7a – 3b
b) 7a + 3b; –17a + 3b; 17a – 3b; –17a – 3b

215 Monom: 2,52n; 7x ; –18a
Binom: 2x – 4y; 7,3e + 9,7f; 2,4x – 7,2y
Polynom: 9a + 7x – 8y; 11a + 2b + 8c; 0,1j + 0,2u + 0,3z

216 a) –3; –1; 5; 9 b) 3; 0; –3; –12 c) 2,5; 4,5; 6,5; 8

217 a) 6; –6; 0 b) 2; –2; 10 c) 8; –8; –2 d) 0; 0; 4
e) –3; 3; –15

218 a) 2x – 2y b) –3a + 6b c) 5y d) –9a + 2b

219 a) $8m^2 - 6m$ b) $-2a^2 - a - b$
c) $-2t^3 + 3t^2$ d) $-3s^3 - 9s^2 + 4s$

220 a) – b) – c) +; – d) +; –

221 a) (4) b) (2) c) (3) d) (1)

222 a) –14 b) –11 c) 41 d) –22 e) 24,5 MUSIK

223 a) 2x – 7y b) 0

224 a) –3; –1,2; 1,2 b) 5,8; –5,8; 5,8
c) –3,2; 3,8; –3,8 d) 0,1; –5,1; 5,1
e) –6,5; 4,9; –4,9

225 a) 8a – 7b + 3c 6 = 6
b) –3b + 10c 15 = 15

226 Zahlen, Variablen, Klammern, Rechenzeichen, Monom, Binom, Polynom, Koeffizient

Terme 2 – Seite 50

227 a) 15xy; 24st; 40gh; –12st
b) 6ab; –28ef; –12mn; –xy

228 a) 15xy; 24ab; 4,2ef; 7,2rs
b) 3ab; 12,8xy; 10dh; 3,5ij

229 a) 2f; –3g; 5s; –6,1h b) 3; 4; –6; –7

230 40ef : 8f = 5e; 4,5e · 4f = 18ef; 28e : (–7e) = –4; übrig bleibt 24e : 6e

231 a) 4f; –3g; 6r; –5,1f b) 5t; 7t; –7; –9z

232 a) 12b b) 12b c) 12b

233 a) u = 4t + 2s; A = 2st b) u = 8x + 6y; A = 12xy
c) u = 14h + 8j; A = 28hj d) u = 6e + 12f; A = 18ef

234 a) u = 8d; $A = 4d^2$ b) u = 16a; $A = 16a^2$
c) u = 20k; $A = 25k^2$ d) u = 36m; $A = 81m^2$

235 a) (3x – 8y) · 4z b) 3c + 5a · 7b; auch möglich: 5a · 7b + 3c

236 a) $12xy - 21y^2$; 48ab – 30b; 2,1df – 4,2ef; 5,4ps + 7,2rs
b) 3ab + 42b; 12,8xy – 24yz; 6ed – 10d; 2gj + 3,5ij

237 a) 3 + 4f; 3g – 6; 6r – 8; –5,1f + 8,1
b) 4k – 5t; 3 + 7t; –7 + 3f; –9z – 8

238 Da die Regel Punkt- vor Strichrechnung heißt, ist eine Klammer notwendig. Term: $\left(\frac{x}{3} + \frac{x}{4}\right) : 7$

239 a) 3a (4 + 3b); 0,7x (2 + 3y); $0{,}7\,(5e^2 + 6f^2)$; 0,5b (3 + 5a)
b) 5y (5x – 7y); 8ab (7c – 9); 14k (2j – 3k); $\frac{1}{4}x\,(x - 3y^2)$

240 a) 3v (5v + 3u); 0,6x (3 + 4z); $1{,}2\,(3g^2 + 4h^2)$; $\frac{1}{3}b\,(4 + 7a)$
b) 5a (5b – 7a); 11fg (6e – 3); 9k (6j – 5k); $\frac{1}{7}x\,(x - 3y)$

241 a) $6{,}25x^2$ b) 5,25yz

242 a) $64v^3$ b) 60abc

243 a) 16fg b) x c) 17xz d) –34y

244 a) x + xy kann man nicht addieren; Ergebnis: 6x + 14xy
b) 35ab : 7b ist nicht 5ab, sondern 5a; Ergebnis: 2a + 24ab

245 a) 10x – 48y b) 11a + 29b

246 2xy – 14x + 36y 62 = 62

247 a) (5g + 7k)(–21) b) (–9e – 6f)(–8)

248 a) –8b b) 15x

249 a) $9x^2$ b) $10{,}5x^2$ **250** r; f; f

Flächeninhalt 2 – Seite 54

251 u = 12,6 cm; A = 9,1 cm^2

252 u = 21 cm; A = 22 cm^2

253 a) u = 234 mm; A = 2 855 mm^2
b) u = 206 mm; A = 2 200 mm^2

254 a) u = 220 mm; A = 2 680 mm^2
b) u = 172 mm; A = 1 680 mm^2

255 A = 52,5 cm^2

256 a) 105° b) 68° c) 117° d) 92° e) 141°
supplementär: Ergänzung auf 180°

257 u = 11,4 cm; A = 6,4 cm^2

258 c)

259 a) A = 3 015 mm^2 b) h_a = 34 m
c) a = 36 dm d) A = 14,25 km^2

260 840 Platten

261 a) 84 cm^2 b) 108 dm^2 c) 288 m^2 d) 144 cm^2 e) 34 m^2

262 a) r b) f (im Parallelogramm kann gelten c = h)
c) r d) f ($\alpha + \delta = 180°$ oder $\alpha + \beta = 180°$)

263 56 m

264 I: A = 72 cm^2 II: A = 276 cm^2 III: A = 132 cm^2

265 c = A · 2 : h – a h = (A · 2) : (a + c)

266 a) c) d)

267 A_{Trapez} = 15 cm^2 Winkel α oder β müsste gegeben sein
$h_{Parallelogramm}$ = 2,5 cm

Terme 3 – Seite 58

268 a) xy + 5x +2y +10 b) 5a + 35 – ab – 7b
c) 5c – cd – 8d + 40 d) ef – 6e – 4f + 24

269 a) 20xy + 20x + 15y + 15 b) 35a + 63 – 10ab – 18b
c) 8c – 28cd + 16 – 56d d) 10ef – 40e – 18f + 72

270 a) 12ei + 15ej + 8fi + 10fj b) 45s + 72v – 10st – 16tv
c) 8ce – 12cf – 16de + 24df d) 6jm – 16jn – 27km + 72kn

271 a) $20x^2 + 55x + 35$ b) $13b - 10b^2 + 77$
c) $45cd - 28c^2 - 18d^2$ d) $8e^2 - 38ef + 45f^2$

272 a) $12a^2 + 34ab + 20b^2$ b) $45a + 72b - 10a^2 - 16ab$
c) $24a^2 + 28ab - 40b^2$ d) $35a^2 - 101ab + 72b^2$

273 a) (d + e) · (f + g) b) (s + t) · z + x · y

274 a) $k^2 + 18k + 81$ b) $4b^2 - 28b + 49$
c) $w^2 - 8vw + 16v^2$ d) $36x^2 + 36xy + 9y^2$

275

a)	$(4e - 5f)^2$	$16e^2$	$25f^2$	–40ef	$16e^2 - 40ef + 25f^2$
b)	$(8a + 7b)^2$	$64a^2$	$49b^2$	112ab	$64a^2 + 112ab + 49b^2$
c)	$(9x - 6y)^2$	$81x^2$	$36y^2$	–108xy	$81x^2 - 108xy + 36y^2$
d)	$(2p + 8q)^2$	$4p^2$	$64q^2$	32pq	$4p^2 + 32pq + 64q^2$

276 a) $x^3 - 7x^2 + 4x - 28$ b) $3t^3 + 9t$
c) $5a^3 + 26a^2 - 63a$ d) $16u^3 - 66u^2 - 27u$

277 a) $18a^3 + 30a^2 + 50a + 14$ b) $-45x^3 + 78x^2 - 39x + 6$
c) $8m^3 - 11m^2 - 5m + 3$ d) $-6b^3 + 7b^2 - 13b - 9$

278 a) $(4h - 6j)^2$ b) $(12 + 9g)^2$
c) $(0{,}5a + 1{,}5b)^2$ d) $(7k + 3m)^2$

279 $(3v + 7w)^2 = 9v^2 + 42vw + 49w^2$
$(5v - 7w)^2 = 25v^2 - 70vw + 49w^2$
$(-3v + 5w) \cdot (-7v) = 21v^2 - 35vw$
$(5w) \cdot (7v - 3w) = 35vw - 15w^2$

280 a) $4;\ 9x^2;\ 16$ b) $7i;\ 9j;\ 81j^2$
c) $\frac{3}{4}f;\ \frac{1}{4}e^2;\ \frac{9}{16}f^2$ d) $\frac{2}{5}r;\ \frac{3}{8}s;\ \frac{3}{10}rs$

281 individuell

282 a) $16x^2 - 40xy + 25y^2$ b) $9y^2 + 42y + 49$

283 a) $144a^2 - 64b^2$ b) $49g^2 - 81h^2$
c) $\frac{1}{16}x^2 - \frac{4}{9}y^2$ d) $\frac{4}{25}c^2 - \frac{25}{36}d^2$

284 a) $9x^2 - 24xy + 16y^2$ b) $64a^2 + 96ab + 36b^2$
c) $25x^4 - 20x^3 + 4x^2$ d) $(9s + 6t)(9s - 6t)$

285 a) (4) b) (1) c) (6) d) (2) e) (5) f) (3)

286 a) $4x^4 + 28x^3 + 49x^2$ b) $y^4 - 12y^2z + 36z^2$
c) $25a^4 + 40a^2b^3 + 16b^6$ d) $81c^2 - 144cd^2 + 64d^4$

287 a) $u = 14x;\ A = 8x^2$ b) $u = 4x - 2;\ A = x^2 - x - 6$

288 a) $3a^2b - a^2 - 4ab^2$
b) $x^3 + 4x^2 + 3x^2y + 8xy + 4y^2$

289 a) $3x - (x - 5) = 2x + 5$
b) $(2x - 5y)(2x + 5y) = 4x^2 - 25y^2$
c) $(7y + 9b) + (3y - 5b) = 10y + 4b$
d) $(x - 1)(x + 1) - x^2 - 1$

290 a) f; $\frac{4}{15}$ statt $\frac{2}{15}$ b) f; $2{,}25h^2$ c) r; d) f; $\frac{9}{49}$ statt $\frac{21}{49}$; – statt +

Grundkenntnisse Geometrie – Seite 62

Die Abbildungen sind verkleinert dargestellt.

291

292
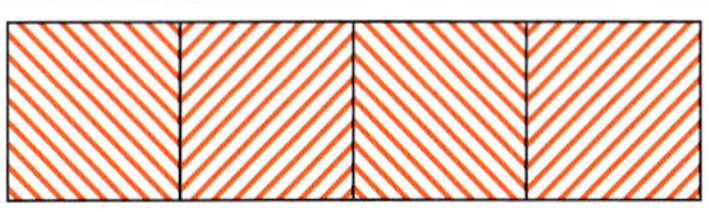

293 a)

Körper 1:		Körper 2:	
A(3/5/0)	D(0/5/0)	A(6,5/1/0)	E(6,5/1/2)
B(3/7/0)	E(3/5/3,5)	B(6,5/4/0)	F(6,5/4/2)
C(0/7/0)	F(0/5/3,5)	C(4/4/0)	G(4/4/2)
		D(4/1/0)	H(4/1/2)

b) Länge: 3 Breite: 2,5 Höhe: 1

294 a) A und F; B und H; C und D; E und G
c) A: 17 G: 28

295
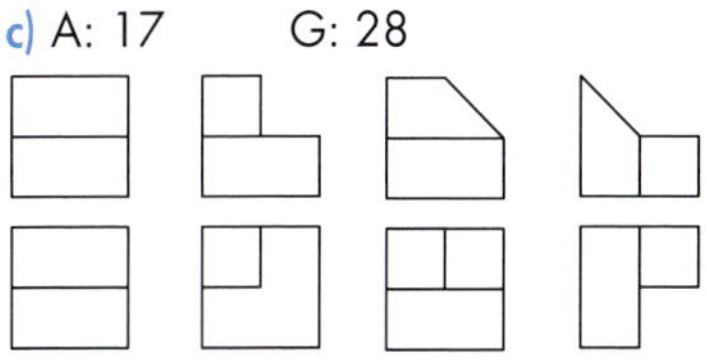

296
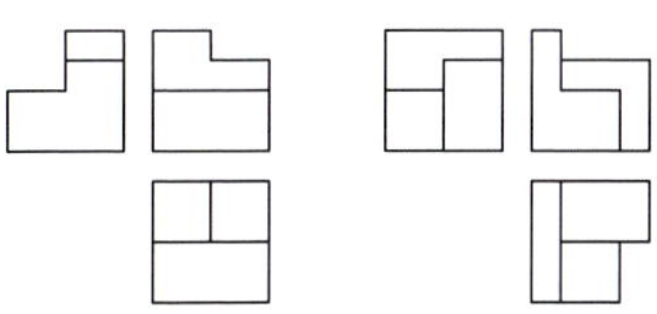

297
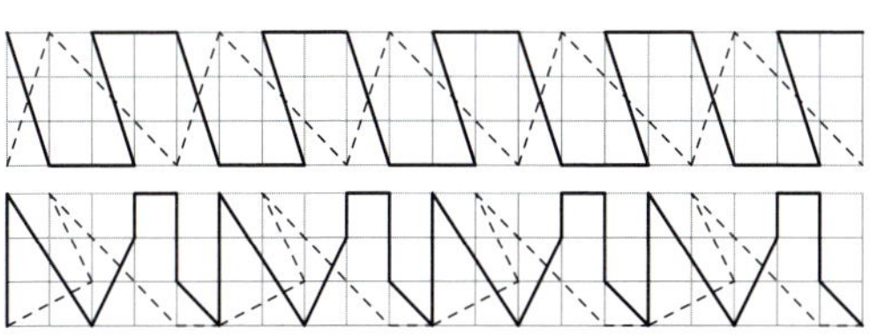

298 a)
A (80/60/0)
B (80/50/80)
C (80/0/50)
D (60/80/40)
E (80/60/40)

b)
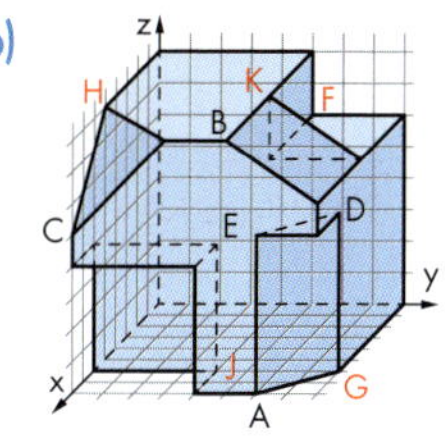

299
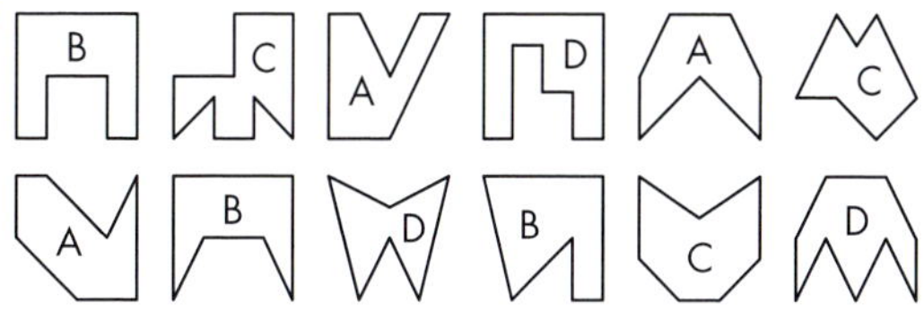

300
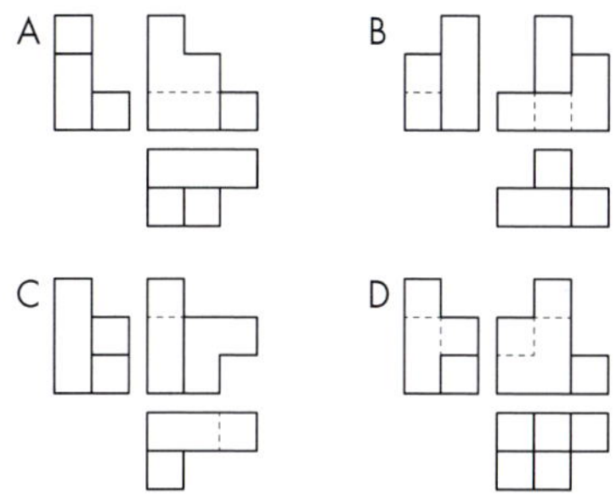

301
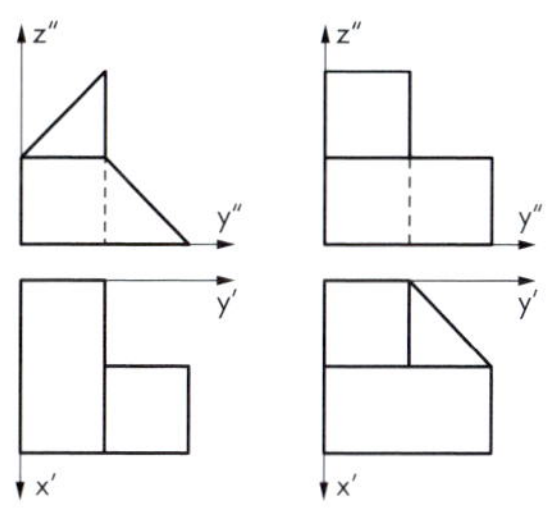

302
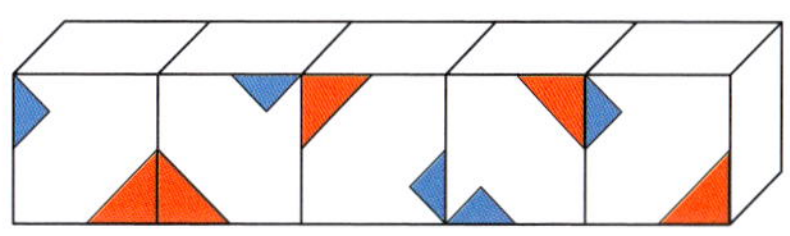

303
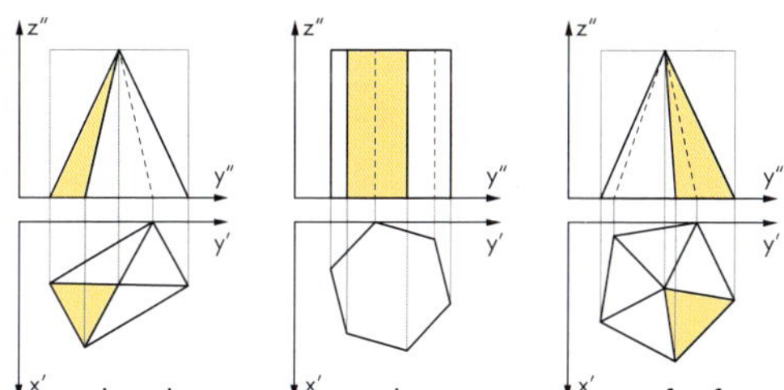

rechteckige Pyramide sechsseitiges Prisma fünfseitige Pyramide

304
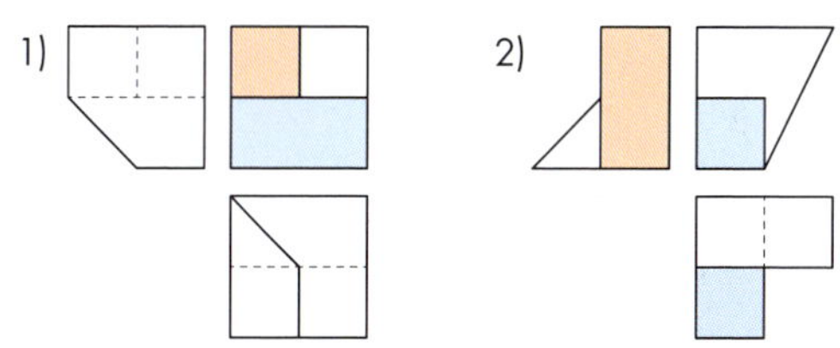

305 a) C – A F – B A – C E – D B – E D – F
b) (1) E (2) D (3) C (4) A (5) F (6) B
d)
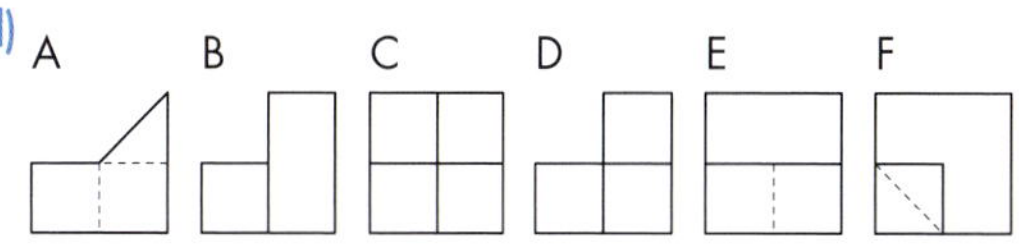

Lineare Gleichungen 1 – Seite 68

306 a) $3x + 15$ b) $(x + y) \cdot z$ c) $b : (93 : 3)$ d) $84 - g \cdot h$

307 a) $x = 34$ b) $h = 184$ c) $g = 55$ d) $k = 7$ e) $y = 165$ f) $z = 40$

308 a) $a < 9$ $L = \{1, 2, 3, 4, 5, 6, 7, 8\}$
b) $b > 12$ $L = \{13, 14, \ldots\}$
c) $c < 5$ $L = \{1, 2, 3, 4\}$

309 a) $x = 90$ b) $a = 112$ c) $c = 42$

310 a) (2) b) (3) c) (1) d) (4)

311 a) $x = 2$ b) $x = 4$ 312 a) $x = 0{,}9$ b) $x = -1{,}75$

313 a) $x = 3$ b) $x = 5$ 314 c)

315 $x = 120$ 316 b) c) d) 317 $x = 5$ 318 $x = 2{,}5$

319 mit der Zahl $\frac{1}{5}$

320 a) $\frac{x}{3} + \frac{x}{4} - \frac{x}{3} \cdot \frac{x}{4}$ b) $(b - a)^2$
c) $(72 - 37) \cdot 2$ d) $(x + 1) : (x - 1)$

321 a) $x = 31$ b) $x = 9$ 322 a) $x = 3$ b) $x = 11$

323 a) r b) f c) f

324 a) 18 wurde subtrahiert anstatt addiert.
b) 23 hätte zuerst subtrahiert werden, das Ergebnis erst mit 5 multipliziert werden sollen.

325 a) (2) b) (4) c) (5) d) (3) e) (1)

326 Ich: 5 Jahre; Mama: 25 Jahre; Oma: 50 Jahre

327 Weil $\frac{1}{3}$ einer natürlichen Zahl immer größer als $\frac{1}{4}$ der gleichen Zahl ist.

328 a) nicht lösbar b) allgemein gültig
c) nicht lösbar d) $x = -4$

329 1. Zahl … 184 2. Zahl … 92 3. Zahl … 127
$x + \frac{x}{2} + \frac{x}{2} + 35 = 403$

Prozent- und Zinsenrechnung – Seite 72

330 a) 94,5 b) 183,6 c) 1 147,5

331 a) 200 dag b) 3 800 m c) 5,2 t

332

Grundwert	10 %	5 %	15 %	25 %
96 €	9,6 €	4,8 €	14,4 €	24 €
244 kg	24,4 kg	12,2 kg	36,6 kg	61 kg
550 m	55 m	27,5 m	82,5 m	137,5 m
2,4 km	240 m	120 m	360 m	600 m

333 Nein, er verliert 54,78 €. 334 12 %

335 a) (3) b) (4) c) (1) d) (2)

336 Prozentanteil $A = G : 100 \cdot p$
Prozentsatz $p = A \cdot 100 : G$
Grundwert $G = A \cdot 100 : p$

337 a) 343,75 € b) 0,7 € c) 4,50 €

338 a) 37,50 € b) 42,97 € c) 225,96 €

339

Kapital	1,5 %	0,5 %	0,875 %	2,2 %
350 €	5,25 €	1,75 €	3,06 €	7,70 €
1 750 €	26,25 €	8,75 €	15,31 €	38,50 €
8 500 €	127,50 €	42,50 €	74,38 €	187 €
12 000 €	180 €	60 €	105 €	264 €

340 Ihre Schulden betragen nach 1 Jahr 41 800 €.

341 5 592,8125 € bzw. 5 596,25 €

342 Zinsen $Z = K \cdot p : 100$ Zinssatz $p = Z \cdot 100 : K$
Kapital $K = Z \cdot 100 : p$

343 a) 5 % b) 15 % c) 5 % d) 8 %

344 a) 34 850 € b) 5 791,666 €

345 3,7 % und 1,76 % 346 je 33,333 % Ersparnis

347 a) d) e)

348 $p_{eff} = 1{,}40625$; Guthaben: 2 839,375 €

349 a) 293,81 € b) 470,35 € c) 1 379,11 €

350

Kapital	1 800 €	4 000 €	15 000 €	68 000 €
Zinssatz	0,15 %	0,75 %	1,325 %	2,4 %
Zinsen	2,7 €	30 €	198,75 €	1 632 €
KESt	0,675 €	7,5 €	49,6875 €	408 €
Guthaben	1 802,025 €	4 022,50 €	15 149 €	69 224 €

351 34 000 € 352 17 500 €

353

	Kapital	Zinsen $p_{eff} = 1{,}6875$ %	Guthaben
1. Jahr	7 500 €	126,56 €	7 626,56 €
2. Jahr	7 626,56 €	128,70 €	7 755,26 €
3. Jahr	7 755,26 €	130,87 €	7 886,13 €
4. Jahr	7 886,13 €	133,08 €	8 019,20 €

354 a) −11 % b) 6 c) +0,496 %

355 a) d) 357 a) −18,53 % b) −12,6 %

356 a) 358 b)

359 $p_{eff} = 0{,}9375$ %

	3 Monate	2 Monate	7 Monate	6 Monate
Kapital	4 500 €	5 710,55 €	1 919,47 €	4 429,967 €
Guthaben	4 510,55 €	5 719,47 €	1 929,967 €	4 450,73 €

360 ja; der Zinsertrag ist gleich groß

361 34 650 €

362 a) 3 709,56 € b) 6 036,56 €

363 Lina hat recht, denn man darf nur von den Zinsen den jeweiligen Tagesanteil berechnen.

Flächeninhalt 3 – Seite 78

364 a) $u = 15{,}6$ cm $A = 15{,}21$ cm²
b) $u = 256$ dm $A = 4\,096$ dm²
c) $u = 29{,}2$ km $A = 53{,}29$ km²

365 a) $u = 15$ cm $A = 13{,}34$ cm²
b) $u = 182$ dm $A = 2\,028$ dm²
c) $u = 25$ km $A = 37{,}96$ km²

366 a) $u = 22{,}2$ cm $A = 21{,}7$ cm²
b) $u = 342$ dm $A = 6\,174$ dm²
c) 15,2 km $A = 9{,}12$ km²

367 a) 1 736 mm² b) 1 672 mm² c) 1 584 mm²

368 $A = a \cdot h_a$ $A = e \cdot f : 2$ $A = e \cdot f : 2$ $A = (a + c) \cdot h : 2$

369 $u = 23{,}4$ cm $A = 30$ cm²

370 a) 50 % b) 25 % c) 25 %

371 a) f b) r c) r d) f

372 a) $A = 10{,}635$ cm² b) $A = 17{,}325$ cm²

373 a) (2) (3); b) (1) (2) (3); c) (2) (3)

374 a) 375 $A = 243{,}75$ m²

376 a) $A = 16{,}33$ cm² b) $A = 2\,890$ dm²
c) $A = 15{,}19$ km²

377 a) $A = 13{,}26$ cm² b) $A = 2\,016$ dm²
c) 6,66 km²

378 Halbiere die Summe von $a + c$ des Trapezes, das ergibt die Grundlinie des Parallelogramms. Die Höhe bleibt gleich.

379 a) $f = 41$ mm $A = 1\,148$ mm²
b) $f = 67$ mm $A = 1\,742$ mm²
c) $f = 44$ mm $A = 1\,034$ mm²

380 a) 8 cm b) 10 dm c) 10 mm d) 4 m e) 10 cm

381 82 cm²

382 $A = 648$ cm² 383 $A = 9{,}5\,xy$

Verhältnisse und Proportionen – Seite 82

384 a) $10 : 22 = 5 : 11$ b) $20 : 4 = 5 : 1$
c) $15 : 15 = 1 : 1$ d) $5 : 23$

385

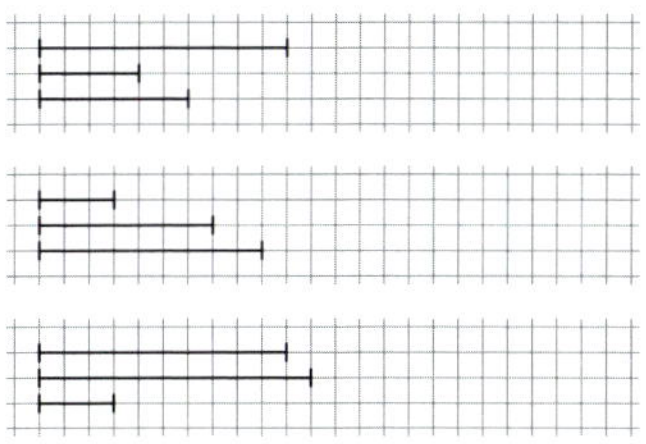

386 a) 4 b) 3 c) 2 d) 5,3

387 Wenn du die Hinterbeine bis zum Rücken abmisst, erhältst du ein Verhältnis von 16 : 9. Der große Esel ist ca. 1,8-mal so groß wie der kleine Esel.

388 12 : 5

389

390 a) 1 : 3 b) 3 : 2 c) 1 : 4 d) 2 : 5

391 a) 2 : 7 b) 3 : 5 c) 3 : 4 d) 1 : 2
e) 2 : 5 f) 2 : 5

392 b)

393 459 mm

394 35 : 28 : 21

395 6 000 € : 9 000 € : 21 000 €

396 a) x = 18 b) x = 10,5

397 a) x = 7,5 b) x = 2,4

398 Lena ist 1,80 m groß.

399 49 000 km^2

400 a) x = 0 b) x = 12,6 c) x = 6

401 a) 0,97; Der erste Wert beträgt 97 % des zweiten.
b) 2,6; Der erste Wert beträgt 260 % des zweiten.
c) 0,8; Der erste Wert beträgt 80 % des zweiten.
d) 0,23; Der erste Wert beträgt 23 % des zweiten.

402 a) x = 10 b) x = 4

403 b) d)

404 r = 7,8 mm

405 a) x = 3 b) x = 2

406 450 m

407 h = 1 m

408 a) c) d)

409 k : w = 1 : 25 000

410 16 : x = 1 : 500 000; x = 80 km

411 $a = \frac{4}{5} \cdot c$; a : c = 4 : 5

412 a) ja ($\frac{7}{15}$ der Reisestrecke) b) 980 km; 700 km; 420 km

Lineare Gleichungen 2 – Seite 88

413 b = 12,5 m

414 a = 50 m; b = 20 m; A = 1 000 m^2

415 $a = A \cdot 2 : h_a$; $h_a = A \cdot 2 : a$

416 a = u : 2 – b; b = u : 2 – a

417 c)

418 u = (a + b) · 2; A = e · f : 2

419 a) (3) b) (1) c) (2) d) (3)

420 96 min

421 b = 14,5 m

422 a) (2) b) (1)

423 Weißwein 4,20 € Rotwein 3,80 €

424 a = 120 cm; b = 70 cm

425 a) 16 km/h b) 24 km/h

426 a) 12a b) 5x c) 16a

427 Mineralwasser: 0,25 € pro Flasche
Einsatz: 0,30 € pro Flasche

428 a) a = 1,5 m; b = 0,3 m b) (2), denn die Summe aus a und b muss verdoppelt werden c) falsche Formel

429 Anhalteweg: 180 m

430 Bremsweg: 64 m Reaktionsweg: 24 m

431 a) u = 6x + 2y b) u = 18c c) u = 2x + 2y + 2z

432 Volumen und Dichte Holz: 83,2 g; Eisen: 1,3 kg; Aluminium: 444 g

433 c)

Ähnlichkeit – Seite 92

Die Abbildungen sind verkleinert dargestellt.

434 B ~ I; E ~ G; A ~ F; C und J sind kongruent: C ≅ J

435

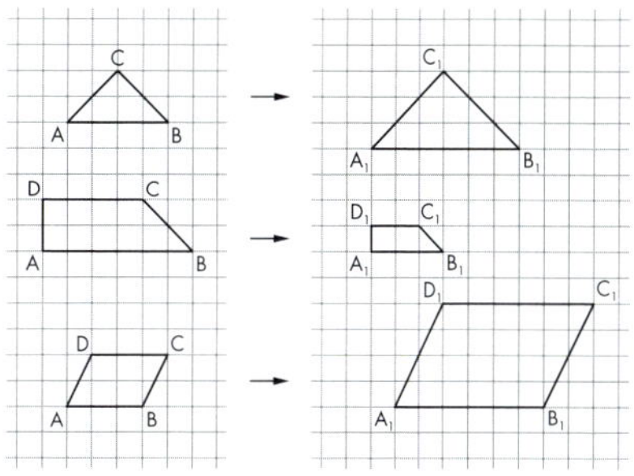

436 b)

437 $a_1 = 2{,}7$ cm; $b_1 = 1$ cm

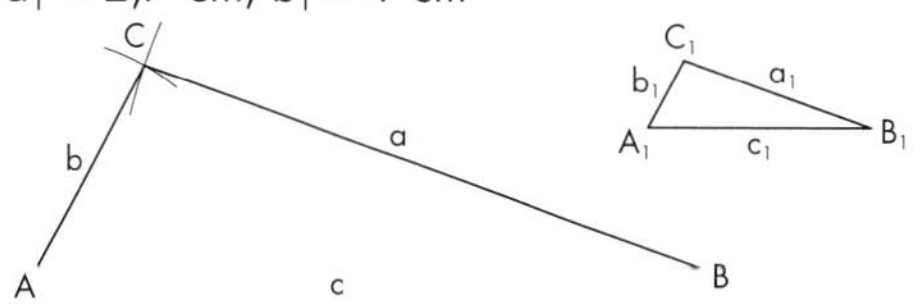

438 Es gibt verschiedene Lösungen!

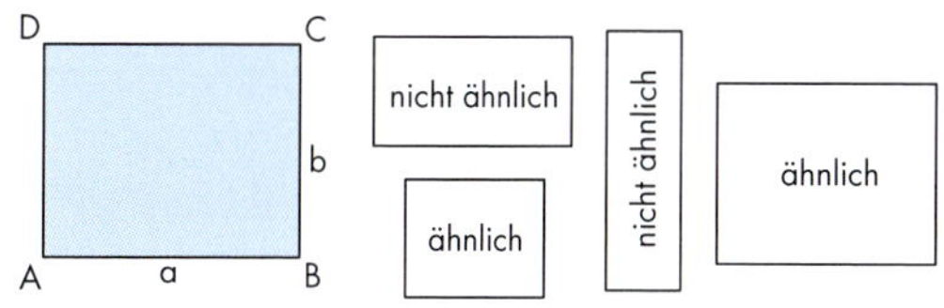

439 b) d)

440 Es gibt verschiedene Lösungen!

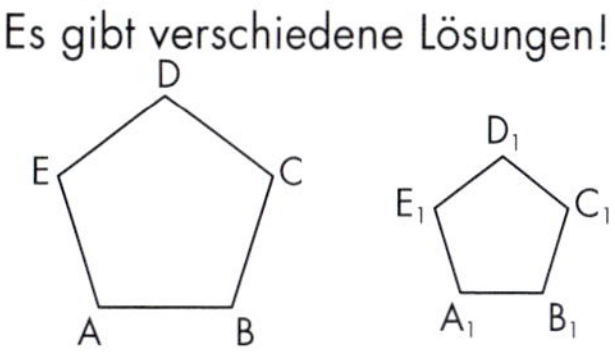

441

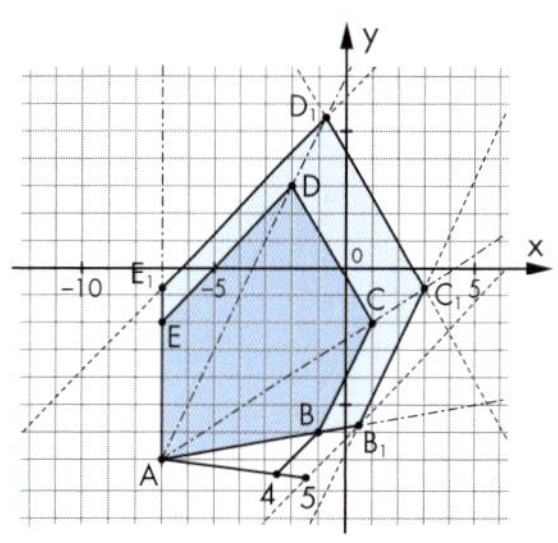

442 b)

443 Das Gefälle beträgt 6 %.

444

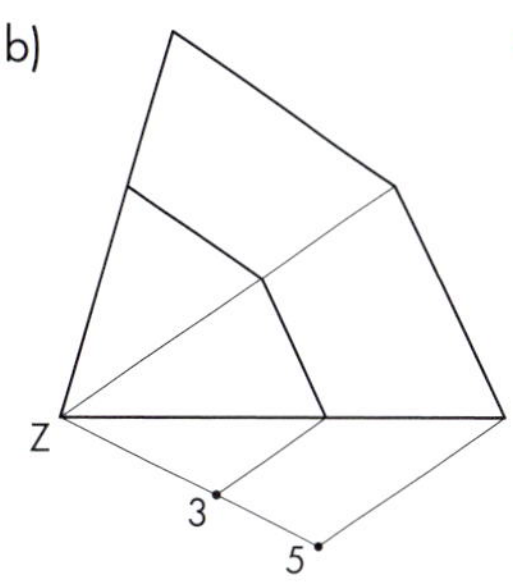

445 x = 20,83333…

446 y = 1,35

447 b = 25 m

448 x = 55 m

449 x = 111 m

450 x = 28 m

451 c) Das Verhältnis Ziffernblattdurchmesser zu Entfernung ist gleich dem Verhältnis Geldstückdurchmesser zur Entfernung Münze–Auge; 2 : 40 = 2,5 : 50

Pythagoräischer Lehrsatz – Seite 98

452 a) $s^2 = r^2 + t^2$ b) $c^2 = a^2 + b^2$
c) $b^2 = a^2 + c^2$ d) $u^2 = v^2 + w^2$

453 a) 10,95 b) 1,94 c) 1,30 d) 0,9

454

	a	b	a^2	b^2	$c^2 = a^2 + b^2$	$c = \sqrt{a^2 + b^2}$
a)	35	17	1 225	289	1 514	38,9 cm
b)	11	23	121	529	650	25,5 cm

455

	c	b	c^2	b^2	$a^2 = c^2 - b^2$	$a = \sqrt{c^2 - b^2}$
a)	34,5	27	1 190,25	729	461,25	21,5 cm
b)	105	6,5	11 025	42,25	10 982,75	104,8 cm

456 a) 361 b) 1,5129 c) 7,29 d) 342,25

457 c)

458 a) $c \approx 7,6$ b) $f \approx 10,2$

459 $z \approx 5,29$ m

460 a) b= 61,37 m; A = 862,3 m^2
b) a = 183,30 cm; A = 7 332 cm^2

461 a) a = 40 m; $c \approx 80,62$ m; u = 190,62 m; h = 34,37 m
b) b = 30 m; $c \approx 67,08$ m; u = 157,08 m; h = 26,83 m

462 Leonie hat den Lehrsatz falsch angewandt. Sie hat das Hypotenusenquadrat und das Kathetenquadrat addiert, statt es zu subtrahieren und anschließend die Wurzel zu ziehen. Richtig müsste das Ergebnis ca. 5,4 lauten!

463 $\approx 184,39$ m

464 $s \approx 4,2$ cm; $u \approx 16,8$ cm; A = 18 cm^2

465 $|MN| \approx 18,38$

466 Beide Diagonalen sind jeweils die Hypotenuse eines rechtwinkligen Dreiecks, wobei die Katheten jeweils Länge und Breite des Rechtecks sind.

467 $u \approx 22,1$ 468 $d_1 = 51,2$ cm

469 Die Leiter reicht ca. 6,2 m hoch.

Statistik – Seite 102

470 a)

Gruppe	Absolute Häufigkeit	Relative Häufigkeit	Prozentuelle Häufigkeit
A	4	4/21	19 %
B	7	7/21	33,3 %
C	8	8/21	38,1 %
D	2	2/21	9,5 %

b)

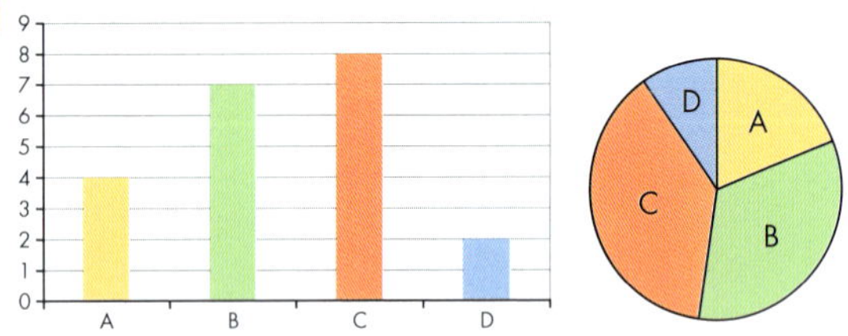

c) Mittelwert = 168,1; Spannweite = 28 cm

471 Der Mittelwert beträgt ca. 35,9

472

	Absolute Häufigkeit	Relative Häufigkeit in Bruchform	Relative Häufigkeit in Prozent
Sehr zufrieden	216	$\frac{216}{704} = \frac{27}{88}$	31 %
Zufrieden	320	$\frac{320}{704} = \frac{5}{11}$	45 %
Weniger zufrieden	168	$\frac{168}{704} = \frac{21}{88}$	24 %
Summe	704		100 %

473 c) Die anderen Ergebnisse sind entweder größer oder kleiner als das Maximum bzw. Minimum der Datenreihe.

474 a)

Klasse	Absolute Häufigkeit	Relative Häufigkeit	Prozentuelle Häufigkeit
1	2	2/24	8,3 %
2	7	7/24	29,2 %
3	11	11/24	45,8 %
4	4	4/24	16,7 %

b) Mittelwert: 9,16 s; Spannweite: 3 s

475

Klasse	Absolute Häufigkeit	Relative Häufigkeit	Prozentuelle Häufigkeit
0–19 Jahre	12 779	12 779/51 927	24,6 %
20–39 Jahre	20 205	20 205/51 927	8,1 %
40–59 Jahre	12 745	12 745/51 927	24,5 %
über 60 Jahre	6 198	6 198/51 927	11,9 %

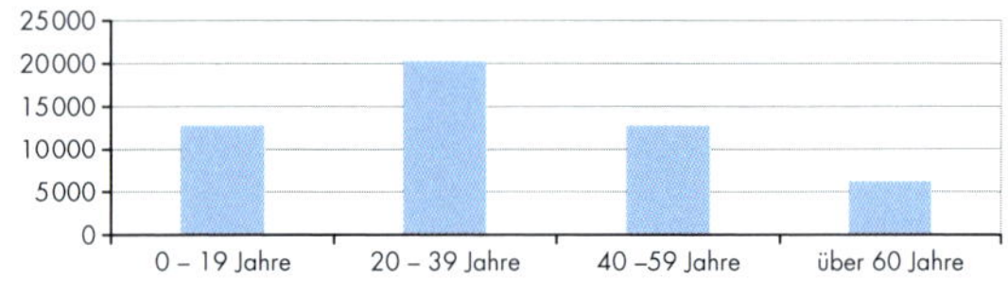

476 Das linke Schaubild, weil hier die Steigung flacher ist. Beim rechten Diagramm wurde die y-Achse bei 2 € abgeschnitten und gestreckt. Die x-Achse wurde gestaucht.

477 a) Mittelwert = 1,52 h; Spannweite = 2,1 h

b)

Klasse	Absolute Häufigkeit	Relative Häufigkeit	Prozentuelle Häufigkeit
1) bis 1 h	4	4/30	13,3 %
2) 1 h – 1,5 h	12	12/30	40 %
3) 1,5 h – 2 h	9	9/30	30 %
4) über 2 h	5	5/30	16,7 %

c)

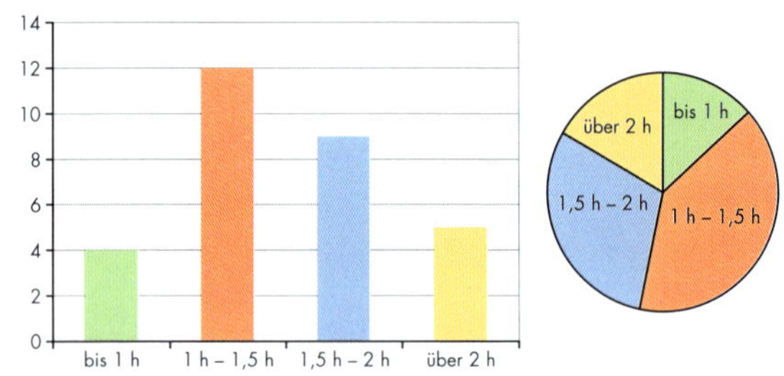

478

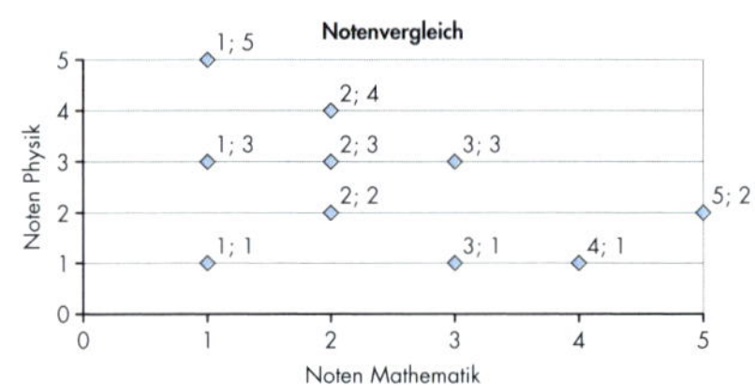

In dieser Schülergruppe herrscht kein Zusammenhang zwischen Mathematik- und Physiknoten. Die Punkte lassen sich nicht in einer linienförmigen Wolke zusammenfassen.

479

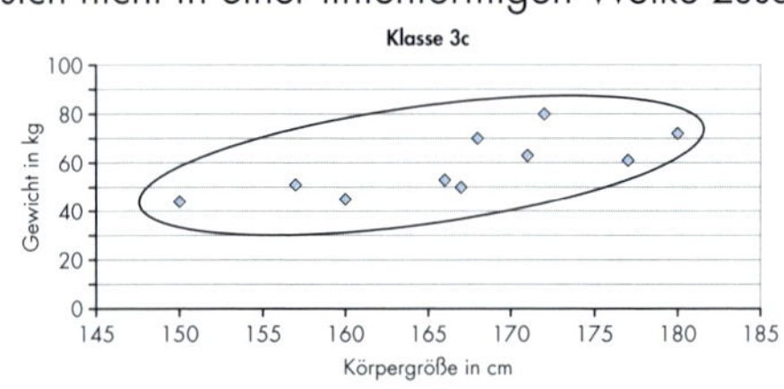

Es herrscht ein Zusammenhang zwischen Körpergröße und Gewicht.

480 a) Man könnte die x-Achse stauchen und die y-Achse strecken.
b) Die Darstellung erweckt den Eindruck, als gäbe es im Jahre 2010 ca. 200-mal so viele Autos wie 1965. Sie passt daher nicht zur Liniengrafik.

Körper 1 – Prismen – Seite 106

Die Abbildungen sind verkleinert dargestellt.

481

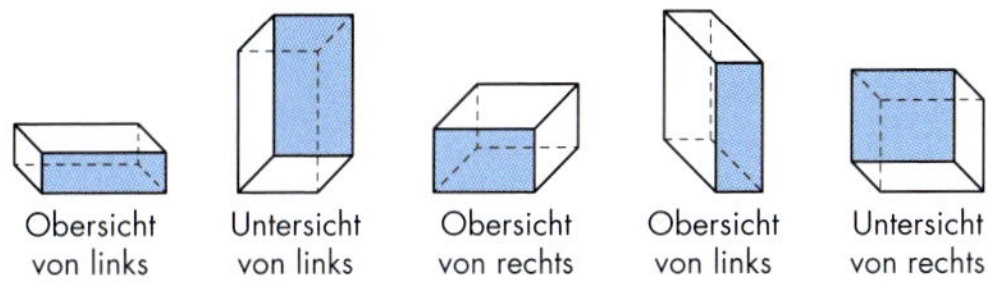

482

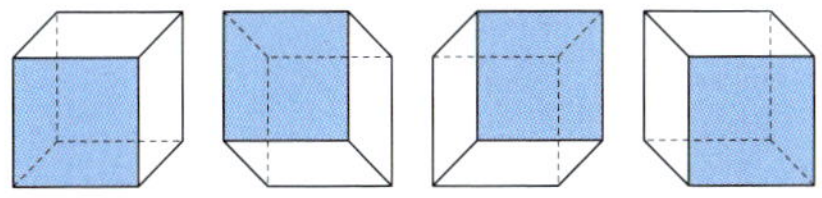

483

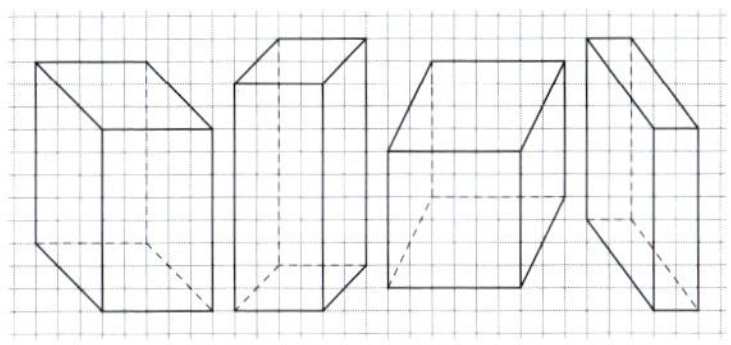

484 a) f b) r c) f d) f e) r

485 mögliche Lösungen

a)

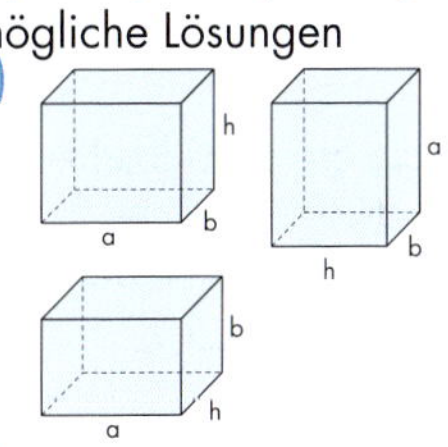

b)

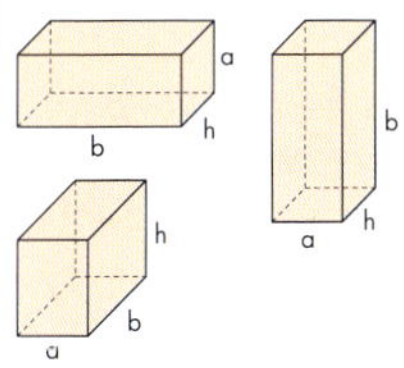

c)

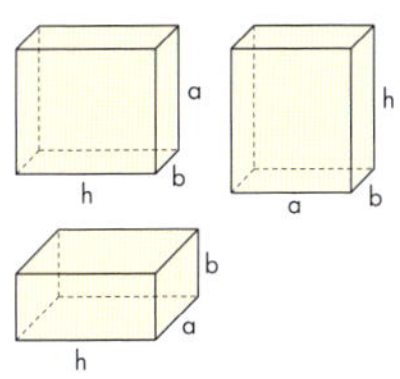

d)

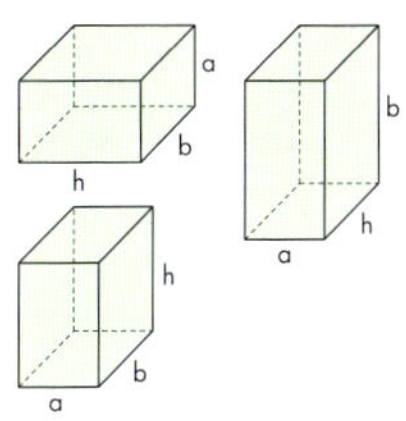

486 a) 4 700 cm^3; 93 500 dm^3; 60,09 cm^3; 7,03 m^3; 0,0158 dm^3
b) 80 dm^3; 2,004 cm^3; 0,53 dm^3; 3 600 cm^3; 0,8002 m^3

487 a) 50 000 cm^3 b) 12 960 cm^3
c) 1 080 000 cm^3 = 1,08 m^3

488 a) ca. 10 000 cm^2 b) ca. 4 000 cm^2
c) ca. 80 000 cm^2

489 a) 8 500 cm^2 b) 3 528 cm^2
c) 79 200 cm^2

490 V = 600 cm^3 O = 660 cm^2

491

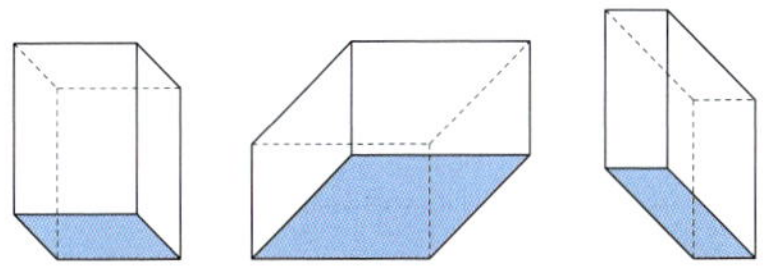

492

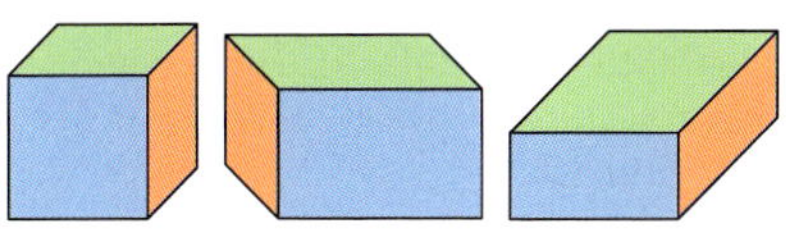

493 V = 428,04 cm^3 O = 389,76 cm^2

494

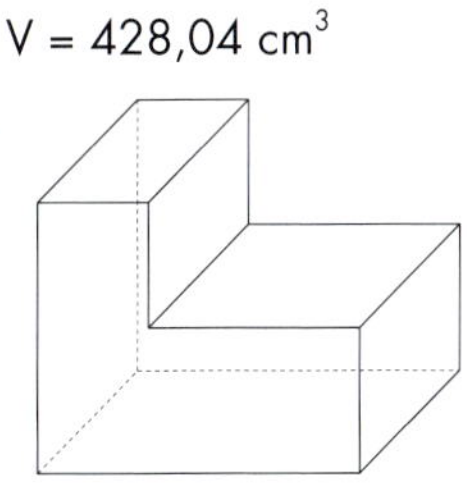

495 a), b) und d)

496 a) 4,8 m^3 – 4 800 dm^3
4,08 m^3 – 4 080 dm^3
40,8 dm^3 – 40 800 cm^3
0,48 dm^3 – 480 cm^3
4 008 dm^3 bleibt übrig.

b) 306 cm^3 – 0,306 dm^3
3 600 mm^3 – 3,6 cm^3
300,6 dm^3 – 0,3006 m^3
30,6 cm^3 – 0,0306 dm^3
3,006 m^3 bleibt übrig.

497 m = 308,568 kg (V = 239,2 m^3)

498 $\rho = m/V = 0{,}03\ g/cm^3$ (V = 125 000 cm^3)

499 mögliche Lösung:

O = 75,6 cm^2
(c ≈ 7,2 cm)

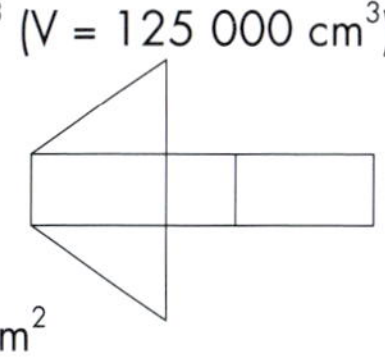

500 a) 166 cm^2 b) 278 cm^2

501 e)

502

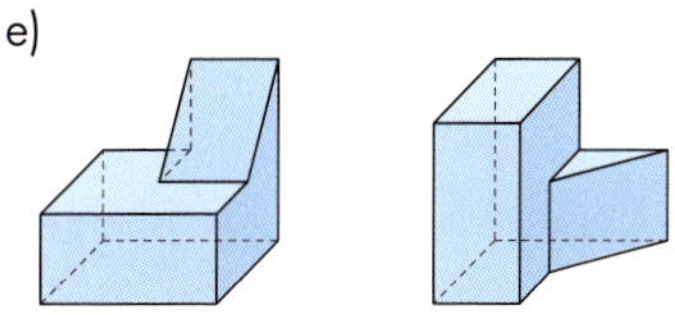

503 a) 100 kg
b) m = 100,0188 kg → 100 kg. Die 18,8 g sind zu vernachlässigen. (V = 37 044 cm^3)

504 Grüne Farbe: 14,4 m^2; weiße Farbe: 44 m^2

505 a) 2 500 hl b) 2 406,4 hl
c) 209,24 m^2 (Länge der abfallenden Fläche = 9 m)

506 a) $7a^2$ b) $\frac{9a^3}{8}$

507 a) Er ist doppelt so groß.
b) mögliche Erklärung: Wenn ich einen Würfel in acht kleinere zerschneide, dann kommen bei jedem Würfel drei neue Flächen dazu, die es vorher nicht gab. Das ist pro Würfel das Doppelte der bereits vorhandenen Oberfläche. → Der Oberflächeninhalt verdoppelt sich!

508 a) $\frac{3a^2}{2}$ b)

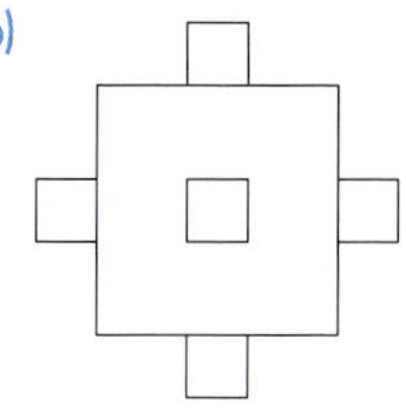

c)

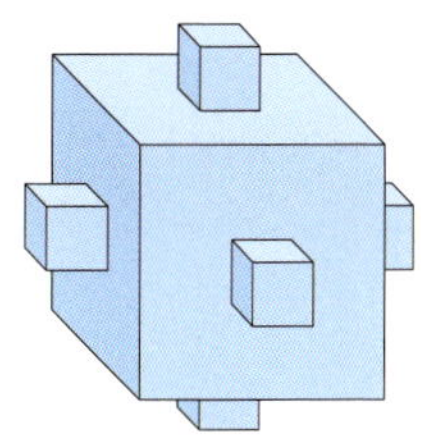

Körper 2 – Pyramiden – Seite 112

Die Abbildungen sind verkleinert dargestellt.

509

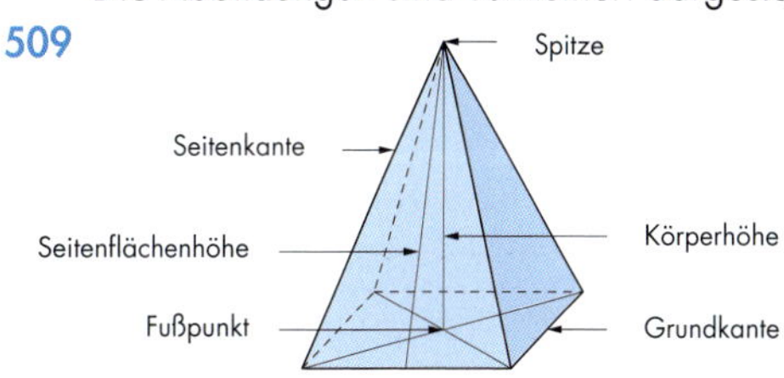

510

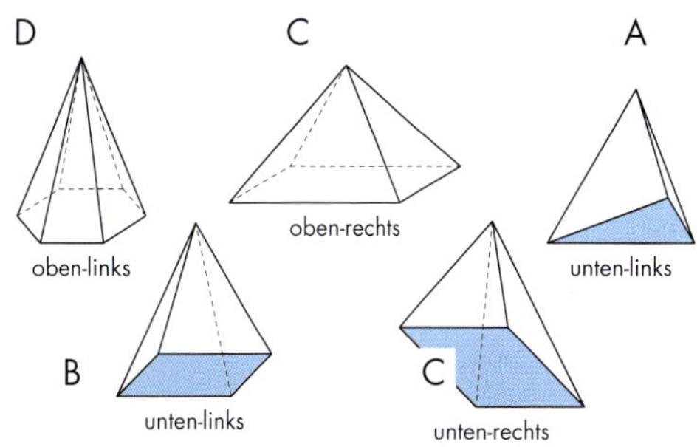

511 a) (3) b) (4)

512 a) V = 351 cm^3 b) m = 273,78 g c) ca. 1 kg

513 a)

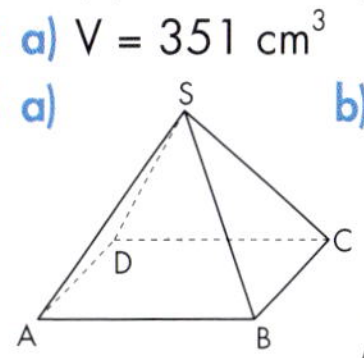

b)

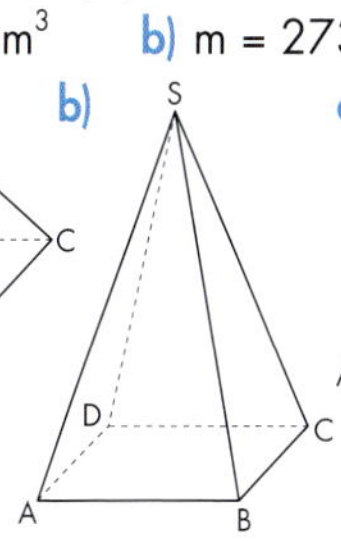

c)

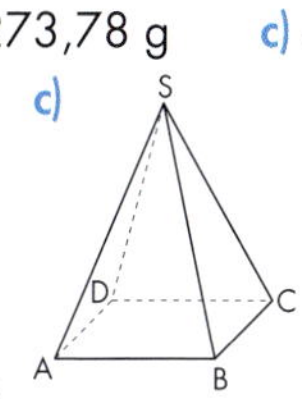

514 a) 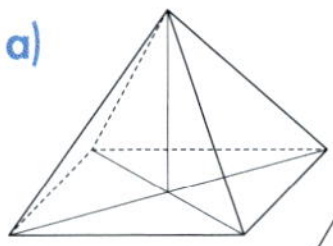 b) 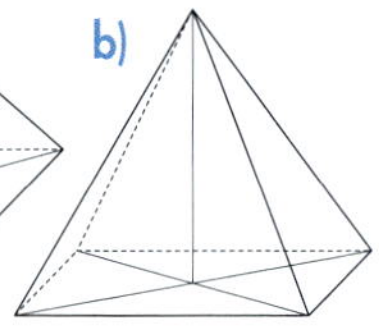

515 a) rechteckige Pyramide c) $O = 3\,456\ mm^2$
b) mögliche Lösung:

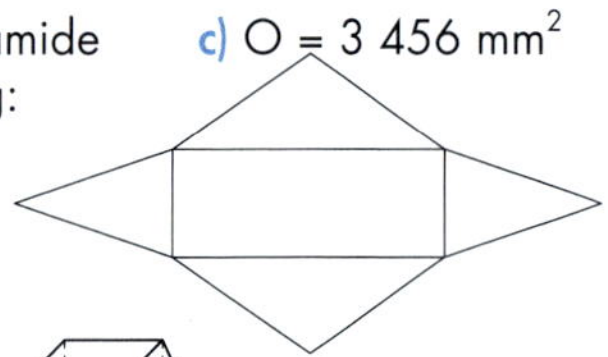

516

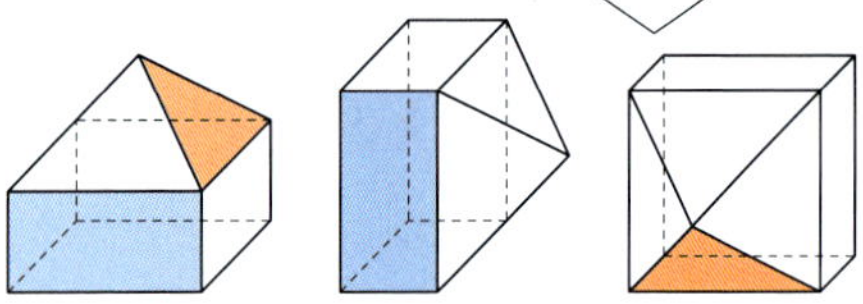

Die Grundfläche ist nie sichtbar.

517 a) e) mögliche Erklärungen:
Beim Netz b) ist eine Seitenfläche verkehrt gezeichnet. Beim Netz c) ist eine Seitenfläche auf der falschen Seite dazugezeichnet. Die beiden kleineren Seitenflächen überlappen sich. Beim Netz d) sind die beiden Seitenflächen (unten links und rechts) verdreht gezeichnet.

518 a) $O = 3\,780\ cm^2$ ($a = 30$ cm) b) $320\ cm^2$

519 a) $V = 808\ cm^3$ b) ca. 35 %
c) $V_{Rest} = 360\ cm^3 \rightarrow 360/1\,000 = 0{,}36 = 36$ %

520

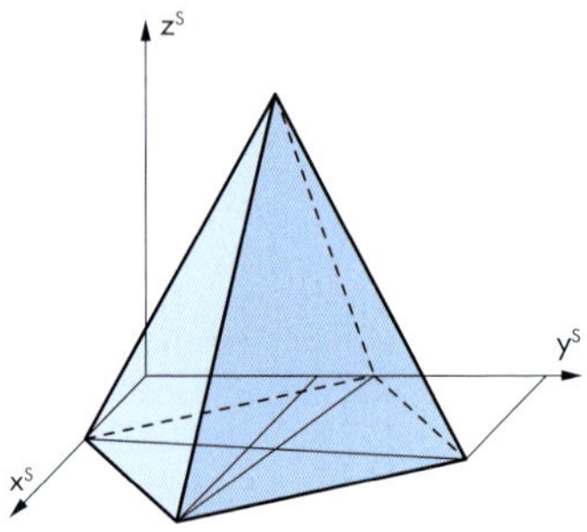

521 a) Lösung nach Chiara: $V = a^2 \cdot (a + 2h) = a^3 + 2a^2h$
Volumen der einzelnen Körperteile:
Würfel: $V_W = a^3$ Pyramide: $V_P = \frac{a^2 \cdot h}{3}$
Gesamtvolumen:
$V = V_W + 6 \cdot V_P = a^3 + 6 \cdot \frac{a^2 \cdot h}{3} = a^3 + 2a^2h$
b) $O = 4 \cdot \frac{a}{2} \cdot h_a \cdot 6$ und $O = 12ah_a$

Funktionale Abhängigkeiten – Seite 116

522

	1 kg	2 kg	3 kg	4 kg	5 kg	6 kg	7 kg	8 kg	9 kg	10 kg
Äpfel	2,30	4,60	6,90	9,20	11,50	13,80	16,10	18,40	20,70	23,00
Bananen	1,70	3,40	5,10	6,80	8,50	10,20	11,90	13,60	15,30	17,00
Pfirsiche	3,10	6,20	9,30	12,40	15,50	18,60	21,70	24,80	27,90	31,00

b)

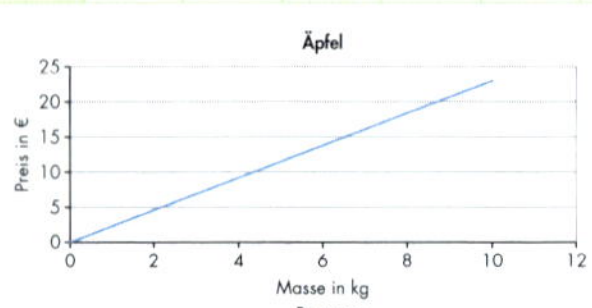

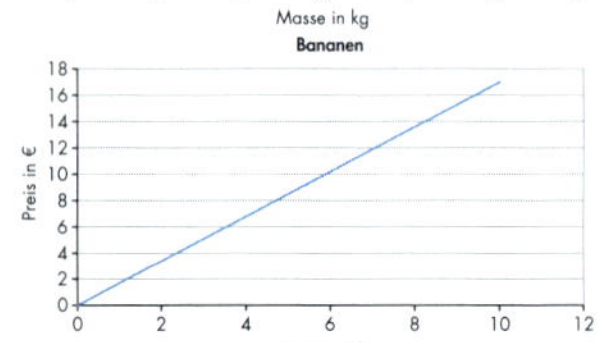

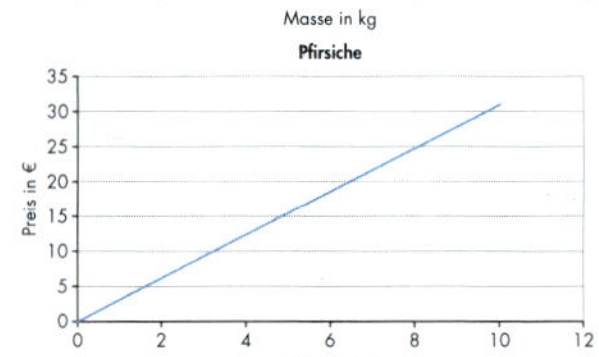

523 a) $y = 0{,}55 \cdot x$ b) $y = \frac{3}{5}x$

x	1	2	3	4	5	6	7	8
a)	0,55	1,10	1,65	2,20	2,75	3,30	3,85	4,40
b)	0,60	1,20	1,80	2,40	3,00	3,60	4,20	4,80

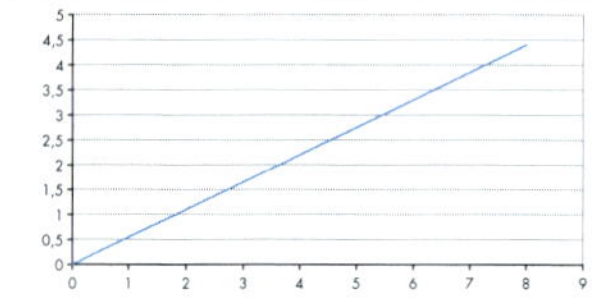

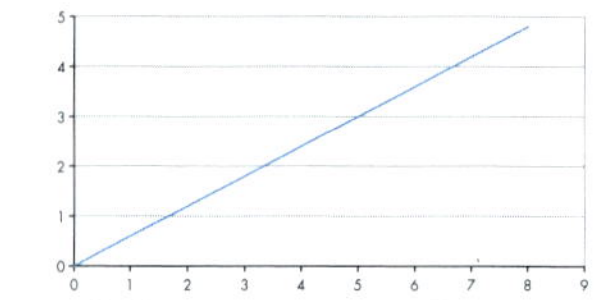

524 $y = 0{,}8 \cdot x$ $y = 2{,}5 \cdot x$

525

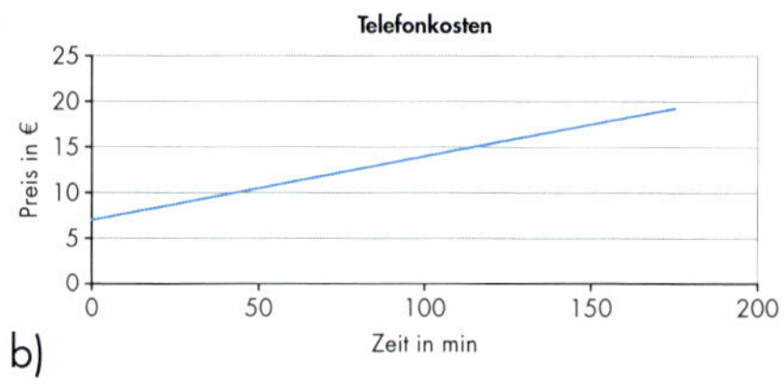

526 b)

527 a) $h = 11\,000 - 800 \cdot t$
b)

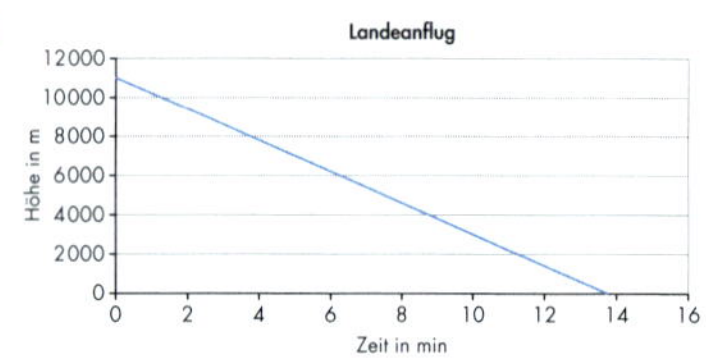

c) Der Landeanflug dauert nicht ganz 14 Minuten.

528 a) trocken: 18 m Neuschnee: 48 m
b) 50 km/h c) nein

529

Abschnittskilometer	0	1	2	3	4	5	1	2
tatsächliche Kilometer	0	1	2	3	4	5	6	7
Preis	2,90	4,50	6,10	7,70	9,30	10,90	12,30	13,70

Abschnittskilometer	3	4	5	1	2	3	4	5
tatsächliche Kilometer	8	9	10	11	12	13	14	15
Preis	15,10	16,50	17,90	19,15	20,40	21,65	22,90	24,15

Abschnittskilometer	6	7	8	9	10	11	12
tatsächliche Kilometer	16	17	18	19	20	21	22
Preis	25,40	26,65	27,90	29,15	30,40	31,65	32,90

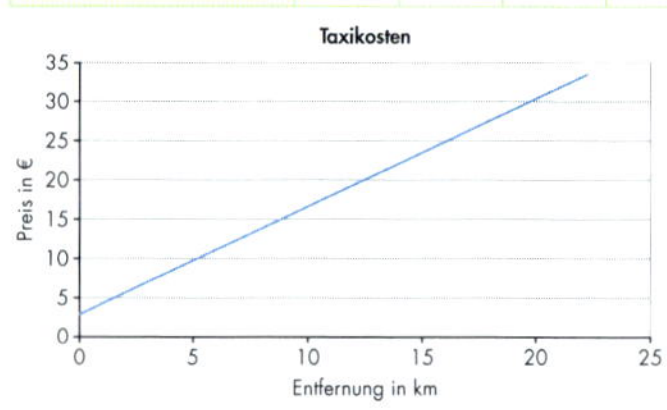

530 a) $W = 1500 \cdot 0{,}98^a$ (W = Waldbestand; a = Anzahl der Jahre)
b)

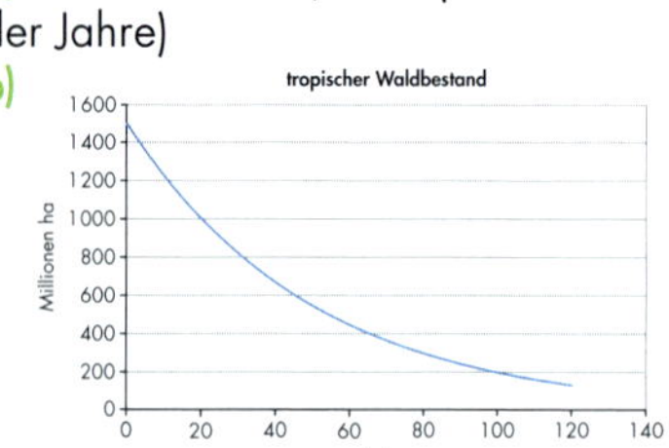

c) Der Waldbestand wird nach ca. 35 Jahren halbiert sein!

531 a)
5 mm entsprechen 0,5 cm. Da der Wasserspiegel steigt, muss ein veränderbarer Wert zu 2 addiert werden. Daher kann nur die erste Formel stimmen.